ニュートン 世界の旅客機シリーズ 

BOEING ボーイング 777

福田紘大＝監訳 清水 悠＝訳

NEWTON PRESS

BOEING
ボーイング
777
BOEING
©ボーイング

©ボーイング

ボーイング社は1990年10月，オリジナルの777-200型シリーズをまったく新しいデザインとして発表した。ただし，当初は767型を拡張した改良モデルとして考案されたという。777-200型はデジタル開発基盤と3次元コンピューターグラフィックスのみを使用して開発された最初の旅客機となった。そしてローンチ当時，同機はそのほかにも注目すべき初搭載の機能をいくつか備えていた。777（トリプルセブン）ではボーイング社が初めてフライバイワイヤシステムを使用し，五つの液晶ディスプレイと統合型アビオニクスを備えた高度なガラス製のフライトデッキを採用。空虚重量に関していえば，ボーイング社は航空機の床と尾翼に約10％の複合材を使用した。さらにボーイング社はGEアビエーション社と契約を結び，トリプルセブン専用の高度なGE90高推力エンジンを設計，製造している。

ボーイング社はローンチ時，二つのバージョンでトリプルセブンを発表した。基本となる777-200型，そして777-200ER型（ERはExtended Rangeの略）として販売されており，重量が大きく長距離型の777-200IGW型（IGWはIncreased Gross Weightの略）だ。777-200型の航続距離は7000海里（約12,964km）をわずかに超えたほどで，一方200ER型は翼の中央部に新しい燃料タンクが搭載されたおかげで7725海里（約14,306.7km）にまで延びた。

ボーイング社は1994年6月12日に777-200型の初飛行を行い，1995年4月19日にアメリカ連邦航空局の認証を取得する。ユナイテッド航空が777-200型を引きとった最初の顧客となり，それから2年弱経ったあとの1997年2月にブリティッシュ航空に最初の777-200ER型が引き渡された。

トリプルセブンの進化の歴史はその後もとどまることはなく，1995年に300型が発売された。このモデルでは翼の前方と後方に胴体プラグが追加され，全長が約10.01m延びた。さらに新モデルとなる200LR型と300ER型が，ボーイング社とGEエアクラフト・エンジン社によって2002年2月に発売された。これは

はじめに

ボーイング777

～アメリカのフラッグシップ機～

©ボーイング

当時乗客からのニーズが高まっていた直行ルートに就航するため，さらなる柔軟性を求めていた航空会社の要求に応じて開発されたものだった。

ボーイング社は300ER型を，世界一信頼性の高いワイドボディ機（客室に二つの通路を備えた航空機）と位置づけている。これまでに800を超える販売数を誇っていることもあり，最も成功したジェット機の一つであると評価しているという。

ボーイング社は300ER型の成功にとどまらず，2013年には新世代となる777X型ファミリー（系統機）の開発を開始することを決めた。そのうち初飛行を行った777-9型は材料，技術，空気力学面での進歩，そして複合材主翼と定格推力約52.2tの優秀なGE9Xエンジンにより，将来的にも有望とされる機能と運用経済性を提供する世界最大の双発機とされている。

777X型はデザイン面においても優れた航空機であり，世界中の空港を飛び交うだろう。しかしいくら見栄えがよくても，需要があるかどうかはまた別の話だ。新型コロナウイルス感染症のパンデミックと，それに伴う乗客の需要の低迷は航空業界に大きな打撃を与えている。777X型の認証取得後，ボーイング社にとっての最大の課題は，この新しいフラッグシップ機への需要低下と注文の見送りとなる。特にワイドボディジェット機市場の回復時期を予測するのは難しいだろう。しかしひとたび安定した回復が見込めるようになれば，777X型は今後の民間旅客機市場において，長距離，超長距離，標高が高い地域，高温地域，そしてペイロード（積載重量）が大きくなる便など多数のネットワークサービスを可能にする選択肢を乗客に提供してくれる航空機として，最適な存在となるはずだ。そしてさらなる機能の追加によって，既存の市場を成長させてくれることだろう。最新の777X型からも目が離せない。

©エアチームイメージズ／ヴィチェンツォ・ペース

1994年の初飛行以来，ボーイング社が誇る最大の双発ジェット機は数々のモデルチェンジ（派生型の開発）を遂げてきた。最新鋭機の777Xがローンチされた現在まで時系列に沿って整理すると，初代モデルの777-200型，そして航続可能距離を増大させた777-20ER型（ERはExtended Rangeの略），さらにその胴体部分を延長させた777-300型が登場した。特に777-300型の機体は約73.9mと，当時の世界最長を誇った。これら初期の3種は一般的にクラシックモデルとして知られている。

ボーイング社は，続いて二つのモデルを発表した。長距離フライトへの対応を可能にするため，777-300ER型が開発され，その後777-200LR型（LRはLong Rangeの略）へと進化した。LR型の性能に関していえば，1995年にはテストフライト機である777-200LRワールドライナー（N6066Z型。シリアルナンバー：33782）がボーイング社のコーポレートカラーに彩られ，香港からロンドンまでを東周りで飛行。距離にして11,664海里（21,601km）のフライトを，22時間42分ノンストップで見事に成功させた。

同機は35人の乗客を乗せ，燃料を満杯にした状態で，11月9日の現地時間22時30分に香港国際空港を出発。そしてグリニッジ標準時の翌10日の午後1時12分，ロンドンのヒースロー空港に到着した。この飛

第1章 初期のトリプルセブン群

航空ジャーナリストのマーク・アイトンがボーイング社のクラシックモデルである777-200型，777-200ER型，そして777-300型の3モデルについて，そのデザインの特徴や構造を解説する。

行距離はギネスブックによって世界最長記録に認定され，ベースラインの設計値を超えた成果となった。

この一大プロジェクトには，二つのクルーが関わっている。ボーイング社のパイロットであるキャプテン，ダーシー・ヘンネマンとフランク・サントーニ，そしてジョン・キャッシュマンとランディ・オースマンだ。

また，ワールドライナーと名づけられた777-200LRから派生したモデル，777-240LR型は2006年3月23日に，機体記号「AP-BGZ」としてパキスタン国際航空社に引き渡されている。

「777」を周遊する

「777（トリプルセブン）」のクラシックモデルは，どの機体も共通のメインシステムをもつ。一方，ローンチされた年代により，それぞれの機体がデザイン，エンジニアリング，素材，そして技術面での進化を反映しているため，性能は異なる。ここではすべてのモデルに共通する基本的な構成やシステム面について整理していきたい。

胴体

伝統的な「777」モデルの胴体はフレームでふちどられ，縦通材（ストリンガー）を組み合わせた「セミモノコック構造」。応力外皮構造が採用され，胴体の前後には耐圧隔壁がとりつけられている。

©エアチームイメージズ／エドウィン・チャイ

さらに，ボーイング社の公式文書を見れば，「777」モデルの胴体が一連のセクションによって形づくられていることがよくわかる。

セクション41，つまり胴体の前方部分は，レドーム（機体先端にとりつけられたドーム型のカバー），フライトデッキ（操縦室），フォワードプレッシャーバルクヘッド（前方の耐圧隔壁），前輪式の着陸装置，主要制御室（MEC：Main Equipment Center），フォワードカーゴドア（翼をはさんだ前後2カ所のうち前方にあるドア，左側に設置），そしてフォワードカーゴコンパートメント（前方の貨物分室）によって構成されている。

セクション43は，フォワードカーゴコンパートメントの後部にあたる。

セクション44（中央上部胴体）と45（主脚格納部）は胴体の中心部となり，主翼部分，キールビーム，そしてメインギアウィールウェル（主脚格納室）にあたる。

セクション46，つまりセクション44～45の後部にあたる部分は，アフトカーゴドア（翼をはさんだ前後2カ所のうち後方にあるドア，左側に設置）とアフトカーゴコンパートメント（後方の貨物分室）を指す。

セクション47は，バルクカーゴコンパートメント（ロワーデッキ最後部の貨物分室）と，バルクカーゴドア（ロワーデッキ最後部にあるドア）を含んでいる。

最後にセクション48は，アフトプレッシャーバルクヘッド（後方の

アメリカの航空機エンジンメーカー，GEアビエーション製のGE90-90はボーイング777専用に開発された，高バイパス比（燃料に使う空気の重量とファンから吹き出す空気重量との比）の2スプール（内側の軸で低圧タービンと低圧圧縮機を結び，外側の中空軸で高圧タービンと高圧圧縮機を結ぶ）ターボファン・エンジンだ。

耐圧隔壁），尾翼，スタビライザーコンパートメント（安定板），補助動力装置（APU：Auxiliary Power Unit），そして防火壁，エアインレット（吸気口），排気口で構成されている。

翼

現代のほかの航空機と同様，「777」モデルの翼部分も，燃料システム，エンジンストラット（支柱）との接合部，着陸装置，動翼，そして大容量の燃料タンクを備えている。

構造的な観点から見れば，翼部分は前桁と後桁，外板パネル，ストリンガー，そしてリブ（主翼や尾翼内部に，桁とほぼ直角にとりつけられている）で主要構造物が構成され，一般的な構造といえる。

最後方のリブは，燃料タンクの端を密閉するような形でとりつけられている。

胴体の外側の翼部分は，ボディリブの隣に位置し，翼の中央部分と連結。メインとなる着陸装置はリアウイングスパー（後部ウイングの桁）とランディングギアビーム（着陸の際に使われるはり）と接合している。

前桁はリーディングエッジスラット（前縁スラット）を備え，一方で後桁はトレーリングエッジフラップ（後縁フラップ），さらには補助翼，スポイラー（主翼によって発生する揚力を減少するためのもの）を支えている。

そして「777」モデルのウイングレット（主翼端にとりつけられる小さな翼端板）は空気力学に基づき，主翼の端につくられている。

ここまでの解説は777-200型と777-300型に関するものだ。長距離飛行に対応した777-300ER型と777-200LR型は，より大容量の燃料タンクをとりつけるために，さらに主翼部分が長くなり，ドライベイ（翼間支柱を置くことにより構成される区画）の一部も中央の燃料タンクとして使われている。

「777」モデルの昇降舵，方向舵，補助翼，フラッペロン（フラップとエルロンの両方の機能をもつ動翼），フラップ，スポイラー，ストラットフェアリング，エンジンカウル，そして前脚の格納扉の素材にはすべて炭素繊維強化プラスチック（CFRP）が採用されている。機体の総重量を減らすことが最大の目的だが，それ以外にも腐食に対する対策ともなっている。昇降舵，方向舵，そしてタブ部分にもCFRPが用いられており，パネルはファイバーガラス（ガラス繊維）でつくられている。

トルクボックスとフロアビームには，ナイロンとCFRPを混ぜることによって強度を高めたCFRPを採用。この素材は，トルクボックスの桁，リブ，ストリンガーにも使われているほか，水平安定板，垂直安定板にも用いられている。

主操縦系統

ボーイング777の主操縦系統（PFCS：Primary Flight Control System）は，三つの軸で構成され，フライバイワイヤシステム（パイロットの操作をセンサーによって感知して，電気信号で伝え，油圧式のアクチュエータを動かし操縦翼面を操作する機能）を採用。この主操縦系統によりマニュアルとオートマチック両方での操作が可能となっている。フライトエンベロープ（運動包囲線）プロテクションは三つの軸すべてにとりつけられ，ロール（左右の傾き），ピッチ（上昇と降下），そしてヨー（機首の左右の動き）をコントロールする軸それぞれに安定増加装置がつけられている。それだけでなく，主操縦系統はさまざまなセンサーから発信された情報を整理し，操縦翼面を動かすための指示を算定してまとめる。

二つの昇降舵と，可動式の水平安定板によってピッチの動きが可能となり，タブ付きの方向舵がヨーの動きを可能にする。

低速での離着陸のために必要となるのが揚力（飛行機の航跡に対して垂直に働く力）の増強だが，これはさまざまなフラップとスラットで構成される高揚力装置によって供給される。それぞれの翼には，一つのダブルスロッテッドインボードと，一つのシングルスロッテッドアウトボード・トレーリングエッジ（後縁）フラップ，さらに七つのリーディングエッジ（前縁）スラット，一つのクルーガーフラップが備えられている。リーディングエッジスラットとクルーガーフラップは，リーディングエッジにとりつけられたリフト（揚力）を増強するための装置で，この部分がエンジンストラットとインボードストラットの間の溝を埋める働きをしてくれる。

リーディングエッジスラットは，格納（巡航時），密閉（離着陸時），そして空隙（離陸時）という三つのポジションのうち，いずれかの位置で作動している。ボーイング社の公式文書によれば，フラップパワードライブユニットに備えられた油圧モーター，または電動モーターによって，フラップトルクチューブが回転する仕組みとなっている。トルクチューブは，ボールねじとジンバルを使ってフラップの拡張と格納を行うフラップの変速機アセンブリを作動させている。

同様に，スラットパワードライブユニットにとりつけられている油圧，そして電動モーターはスラットトルクチューブを回転させている。この部分がロータリーアクチュエータを動かし，ラック，ピニオンドライブ付きのスラットの拡張と格納を行う。

「777」の操縦室には，六つのフラットパネル，高解像度でフルカラー，アクティブマトリックスの液晶ディスプレイユニット（DU：Display Unit）がとりつけられている。さらにその外側には二つのプライマリ・フライト・ディスプレイ（PFD：Primary Flight Display）が表示され，その内側の左右両方にナビゲーション・ディスプレイとマルチファンクション・ディスプレイが表示され，ナビゲーション情報として使用される傾向にある。

GE90エンジン

アメリカの航空機エンジンメーカー，GEアビエーション社製のGE90-90はボーイング777専用に開発された高バイパス比（燃料に使う空気の重量とファンから吹き出す空気重量との比）の2スプール（内側の軸で低圧タービンと低圧圧縮機を結び，外側の中空軸で高圧タービンと高圧圧縮機を結ぶ）ターボファン・エンジンだ。主な構成要素は，123インチ（約31.2m）のファン，3段の低圧コンプレッサー（圧縮機）またはブースターで構成される低圧シャフト，そして6段の低圧タービン，そして10段の高圧コンプレッサーと2段の高圧タービンを含む高圧シャフトとなっている。

エンジンの列線交換ユニット（重要部品を一つのパッケージにまとめたもの）の大部分は，コアもしくはギアボックスにとりつけられており，逆推力装置を開くことでアクセスすることができる。そのほかの部分はファンケースに接しており，この部分はファンカウル（ファンを覆うカバー）を開くことでアクセス可能となる。GE90-90の「姉的存在」ともいえる別モデル，GE90-110とGE90-115は777-300ERと777-200LRに動力を供給している。

主な構成要素は128インチ（約3.25m）のファンからなる低圧シャフト，4段の低圧コンプレッサーま

たはブースター，6段の低圧タービン，9段の高圧コンプレッサーと2段の高圧タービンからなる高圧シャフトとなっている。

GE90シリーズのエンジンはすべて，ソフトウェアを用いてエンジンの定格推力（エンジンにより発生する前方方向への力）を設定する制御用コントローラー部を装備している。たとえばGE90-115エンジンの場合，777-200LR型では異なる定格

©エアチームイメージズ／デレク・マクファーソン

離陸推力が定められている。

トレント800エンジン

ロールス・ロイス社が開発したトレント800エンジンは，高バイパス比の3スプール（外側の中空軸が低圧タービンと低圧圧縮機，中間の中空軸が中圧タービンと中圧圧縮機，中心の軸が高圧タービンと高圧圧縮機を結ぶ）ターボファン・エンジンだ。高度なワイドコードファンブレードも特徴に挙げられる。

トレントエンジンはデュアルチャネルの全デジタル電子式エンジン制御装置（FADEC：Full Authority Digital Engine Control）を備え，制御用デジタルコンピューター部（EEC：Electronic Engine Control）がエンジン系統，スタート，オートスタート，そして逆推力装置のコントロールを担う。

主な構成要素は，110インチ（約2.79m）のファンからなる低圧シャフト，5段の低圧タービン，そして8段の中厚コンプレッサーからなる中圧シャフト，そして単一段の中厚タービンだ。

高圧シャフトは外部ギアボックスを回転させ，6段の高圧コンプレッサー，そして単一段階の高圧タービンを備えている。

ロールス・ロイス社の設計エンジニアたちは，外部からのアクセスが可能なデータ入力プラグを組み込み，それぞれの航空機のモデルに対して最適なEEC内のソフトウェアを選択して，エンジンの定格推力を設定できるようにした。

エンジンの列線交換ユニットの大部分は，エンジンのファンケースもしくはギアボックス（ファンカウルを開くことでアクセスが可能）にとりつけられている。そのほかの部分はエンジンコアに接しており，これは逆推力装置を開くことでアクセスすることができる。

降着装置

「777」は翼の下に二つの主脚，そして一つの前脚がとりつけられ，油圧式の3車輪式の降着装置を備えている。ランディングギア（降着装置）のセレクターバルブが，拡張や格納といった一連の操作をコントロールしている。

主脚は，着陸の衝撃を弱めるため，油と圧縮ガスをピストン内に閉じ込めたオレオ式の緩衝装置，そして航空機の構造により機体にかかる荷重を分散させるために，ドラッグブレース，サイドブレースという主脚の軸足を斜めに支える部分を備えている。パイロットが降着装置を拡張させる指示を送ると，二つの脚格納扉が開き，ギアが拡張する。ひとたびメインギアが完全に拡張されると，ダウンロックアクチュエーターがドラッグブレースとサイドブレースを，拡張したポジションに固定するという仕組みだ。

リトラクション（格納）の際には，この作業プロセスの逆を行うこととなる。ただし，一点異なるのは車輪を吊り上げて固定するアップロックフックが降着装置を格納ポジションに固定するということだ。

油圧系統は航空機の三重の冗長化システムによって供給されている。ボーイング社の公式文書によれば，三つの油圧系統がそれぞれ独立して公称圧力3000psi（ポンド／平方インチ）で作動している。主要構成部品の位置関係によって左，中央，右と呼ばれ，それぞれのシステムが独自のリザーバー（作動油タンク），ポンプ，そしてフィルターを備えている。

左のシステムにはエンジン駆動の燃料ポンプ（EDP：Engine Driven Pump）と交流式のモーターポンプ（ACMP：Alternating Current Motor Pump）が備えつけられている。右のAC（交流）バスがACMPに電力を供給する仕組みだ。左のシステムは操縦装置と，左の逆推力装置に電力を送っている。

右のシステムも左と同様に，EDPとACMPを装備している。左のACバスがACMPの電力を供給。一方右のシステムは操縦装置と，通常のメインギアブレーキ，そして右の逆推力装置に電力を送る。

中央のシステムは二つのACMP，二つの空気駆動の燃料ポンプ（ADP：Air Driven Pump），そして風力原動のラムエア・タービン（RAT：Ram Air Turbine）ポンプを備えている。左右のACバスはACMPに電力を供給。二つのエンジン，または補助動力装置（APU：Auxiliary Power Unit）によって供給される空気動力がADPを作動させている。

左右のシステムのプライマリポンプは，中央のシステム内のEDPとACMPとなっている。これらのポンプは継続的に動く。

左右のシステムのデマンドポンプは，中央のシステム内のACMPとADPとなっている。これらのポンプは通常，重要なシステム要請があった場合のみ作動する。

中央のシステムは操縦装置やリーディングエッジ（前縁）スラット，トレーリングエッジ（後縁）フラップ，代替・予備のメインギアブレーキ，通常・代替の前脚操向装置と前脚の拡張と格納，そして主脚の拡張と格納，主脚操向装置に電力を供給している。

RATは飛行中，両方のエンジンがシャットダウンされた場合，両方のACバスに電力が供給されていない場合，もしくは三つすべての油圧システムの圧力が低い場合に自動的に展開する。ラムエア（機体に衝突する空気）がタービンを回転させる仕組みだ。RATによってつくられた動力を利用するのは，操縦装置のみ。RATは地上に接したときのみ格納することができる。

油圧システムによって扉が開き，主脚の拡張と格納が可能となる。これらすべての動きはシーケンス弁によってコントロールされている。降着装置が完全に格納されると，バルブによって自動的に油圧が下げられる。

代替の拡張システムは中央の油圧システムに圧力がかかっていない際に，降着装置の拡張を可能にする。代替のエクステンドパワーパック（電力供給を特定の器材で要求された電圧に変える装置）は油圧を供給することで，降着装置の扉と降着装置を開く。扉は開き，その重さを利用して拡張する。ギアドアは拡張したあとでも，開いたままの状態をキープできる。

各主脚トラックは三つの車軸と六つの車輪を備える。興味深いことに，後車軸は主脚を操縦し，回転半径を最小化して，タイヤがスクラブするのを防ぐために，回転する動きを担う。

飛行中，拡張しているときの主脚トラックは，車輪が格納されたポジションの場合，約13° 前方に傾くようになっている。反対に，主脚が格納されトラックが固定されると，車輪が拡張されたポジションの場合，約5°前方に傾く。

前脚はオレオ式の緩衝装置を備えたストラット，そして航空機の構造上，機体にかかる荷重を分散させるためのドラッグブレース（折りたたまれるもの）から構成される。ドラックブレースは前脚が完全に拡張，格納するときに，油圧駆動のロックリンクによって所定の位置に固定される。

前脚の脚格納扉は前方，後方の2セットの扉を備える。前方の扉は前脚の格納および拡張の最中に油圧によって作動し，後方の扉は前脚に接続したリンケージによって機械的に作動する仕組みとなっている。したがって，後方の扉はギアが後退したときにのみ閉じることになる。

前輪にも前方，後方の2セットの扉がある。主脚同様，前脚の拡張と格納のために中央の油圧システムから電力が供給され，前方扉と降着装置の一連の動作はシーケンス弁によってコントロールされている。

前脚の代替エクステンションは，代替のエクステンドパワーパックによって供給された油圧を利用する。前方の扉が開くと，降着装置はその自重によって拡張。代替エクステンションのあとでも，前方の扉は開いたままの状態をキープできる。

操縦席（機長席）の左側にある二つのティラー（小さなハンドル）が前輪の動きを各方向最大70°まで，ラダー（方向舵）ペダルは前輪の動きを各方向最大7°までに制御している。

前輪の操向装置による指示が13°を超えると，主脚の操向装置ユニットがティラーの位置情報を受信し，後部車軸をコントロールして，再び油圧によって8°まで左もしくは右に操舵することになる。

操向装置による指示がシステムに入力されない場合は，アクチュエータがすべての前輪と後輪を調整し，操舵可能な後輪をロックする仕組みだ。

主脚の各車輪はカーボンブレーキを備え（前脚にはブレーキは存在しない），アンチスキッド（滑り防止）装置を制限するブレーキシステムコントロールユニット内の自動ブレーキ機能によって制御されている。「777」のブレーキシステムには，温度の監視機能とタイヤの空気圧を表示する機能が備えられている。

ブレーキは左右のブレーキメータリングバルブに接続したケーブルを通じ，2セットのペダルによってコントロールされている。バルブはペダルの動きに応じてブレーキに油圧を供給。万が一，通常のブレーキもバックアップのブレーキも油圧の供給が足りていない場合は，乗組員がアラートを受け取る。このような状況が起こると，ブレーキアキュムレーターが作動し，五つのフルブレーキアプリケーション（全制動）に十分な圧力を供給するのだ。

操縦室

「777」の操縦室には，6つの8"×8"（約20.3センチ×20.3センチ）サイズのフラットパネル，高解像度でフルカラー，アクティブマトリックスの液晶ディスプレイユニット（DU：Display Unit）がとりつけられている。さらにその外側には二つのプライマリ・フライト・ディスプレイ（PFD：Primary Flight Display）が表示され，その内側の左右両方にナビゲーション・ディスプレイとマルチファンクション・ディスプレイが表示され，ナビゲーション情報として使用される傾向にある。

上部中央はエンジンに関する情報や乗組員へのアラートシステムを表示し，下部中央はマルチファンクション・ディスプレイとして使用されることが多い。マルチファンクション・ディスプレイは，コントロールスタンドにある二つのカーソルコントロールデバイスのうちいずれかを使用して制御されている。これらのタッチセンシティブパッドにより，乗組員たちはアクティブディスプレイ上のカーソルを操作することができる。

二つのPFDはそれぞれシングルフォーマットで，機体の飛行姿勢，対気速度，気圧高度，垂直速度，機首の方位，飛行モード，電波高度，計器着陸システム（ILS：Instrument Landing System）データ，TCAS（空中衝突防止装置）勧告，緊急警報などが表示されている。ナビゲーション・ディスプレイはVOR（超短波全方向式無線標識），APP（アプローチ），マップが表示され，プランディスプレイモードも表示する。マルチファンクション・ディスプレイはセカンダリエンジンや，通信情報，チェックリストなど補助的な情報が表示される。

飛行管理コンピューター装置

「777」の飛行管理コンピューター装置（FMCS：Flight Management Computing System）は，離着陸を除くすべての飛行中の段階において，垂直方向および水平方向の誘導をしてくれる機能だ。乗組員の労働量軽減のために設計されている。

三つの内部DUはすべて，ナビゲーション，フライトプラン，パフォーマンス管理に関する情報を表示するためのFMCSとインターフェイスで接続し，位置と表示の更新のためナビゲーション無線を自動調整してくれる。

ボーイング 777-200ER型

ボーイング777-200ER型の特性	
翼幅	約60.9m
全長	約63.7m
全高	約19.7m
最大離陸重量	約297.5t
最大着陸重量	約208.6t
最大無燃料重量	約195t
運航空虚重量	約138.1t
最大ペイロード	約56.9t
総貨物量	約150,928.8L
使用可能燃料	45,220gal（約171,176.3L）
巡航速度	マッハ0.84
シーリング	約12.5km
座席	313名の乗客が搭乗可能，2クラス
航続距離	7,065海里（約13,084.4km）
エンジン	二つのGE90-94B，PW4000もしくはロールス・ロイス社のトレント870，トレント895

データ提供：ボーイング

©エアチームイメージズ／アルヴィン・マン

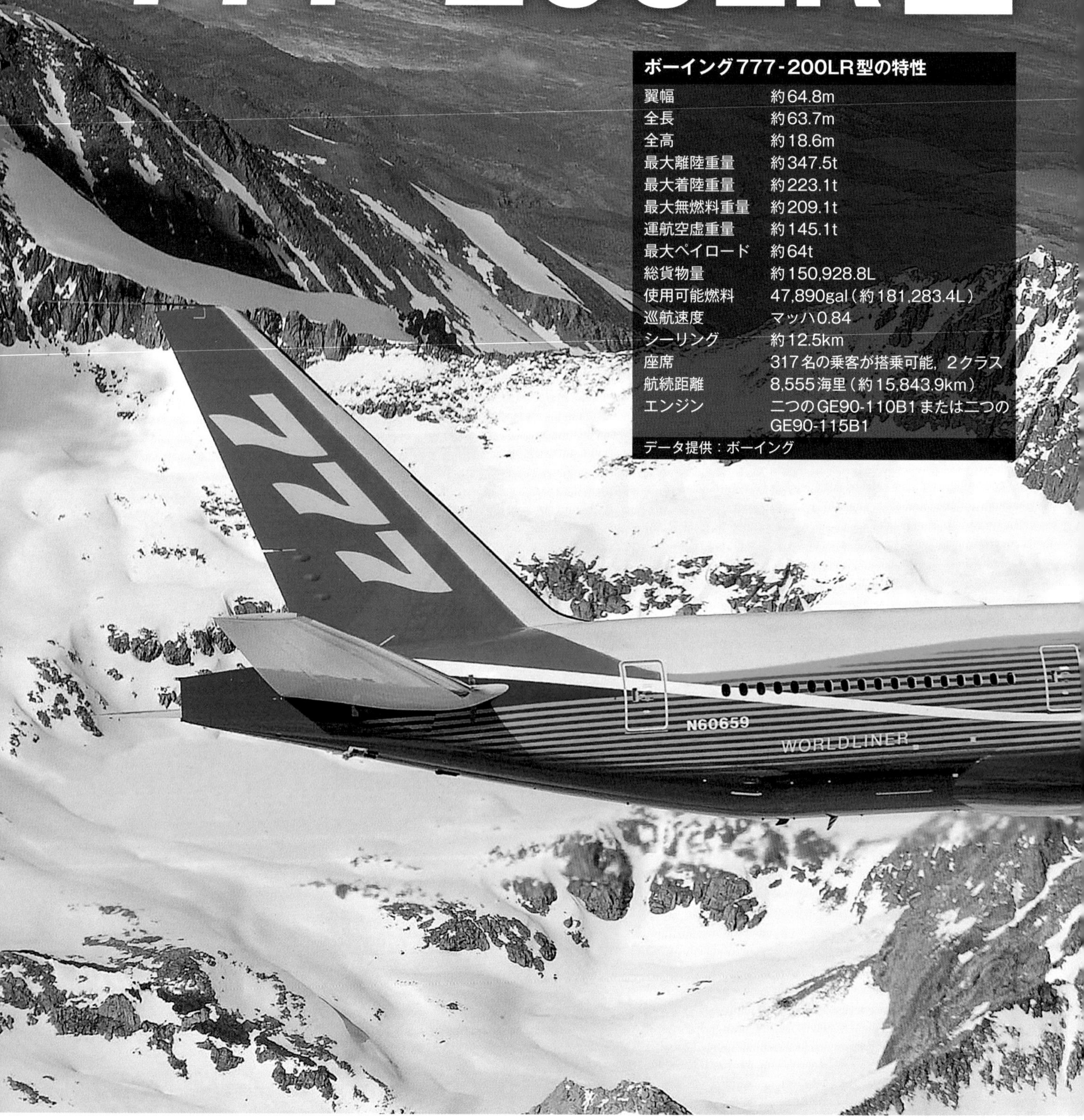

ボーイング777-200LR型の特性

翼幅	約64.8m
全長	約63.7m
全高	約18.6m
最大離陸重量	約347.5t
最大着陸重量	約223.1t
最大無燃料重量	約209.1t
運航空虚重量	約145.1t
最大ペイロード	約64t
総貨物量	約150,928.8L
使用可能燃料	47,890gal（約181,283.4L）
巡航速度	マッハ0.84
シーリング	約12.5km
座席	317名の乗客が搭乗可能，2クラス
航続距離	8,555海里（約15,843.9km）
エンジン	二つのGE90-110B1または二つのGE90-115B1

データ提供：ボーイング

©ボーイング

777
N5020K

ボーイング 777F型

ボーイング777F型の特性	
翼幅	約63.8m
全長	約63.7m
全高	約18.6m
最大離陸重量	約347.8t
最大着陸重量	約260.8t
最大無燃料重量	約248.1t
運航空虚重量	約144.3t
最大ペイロード	約103.7t
総貨物量	約652,731.6L
使用可能燃料	約47,890gal（約181,283.4L）
巡航速度	マッハ0.84
シーリング	約12.5km
航続距離	4,970海里（約9,204.4km）
エンジン	二つのGE90-110B1または二つのGE90-115B1
データ提供：ボーイング	

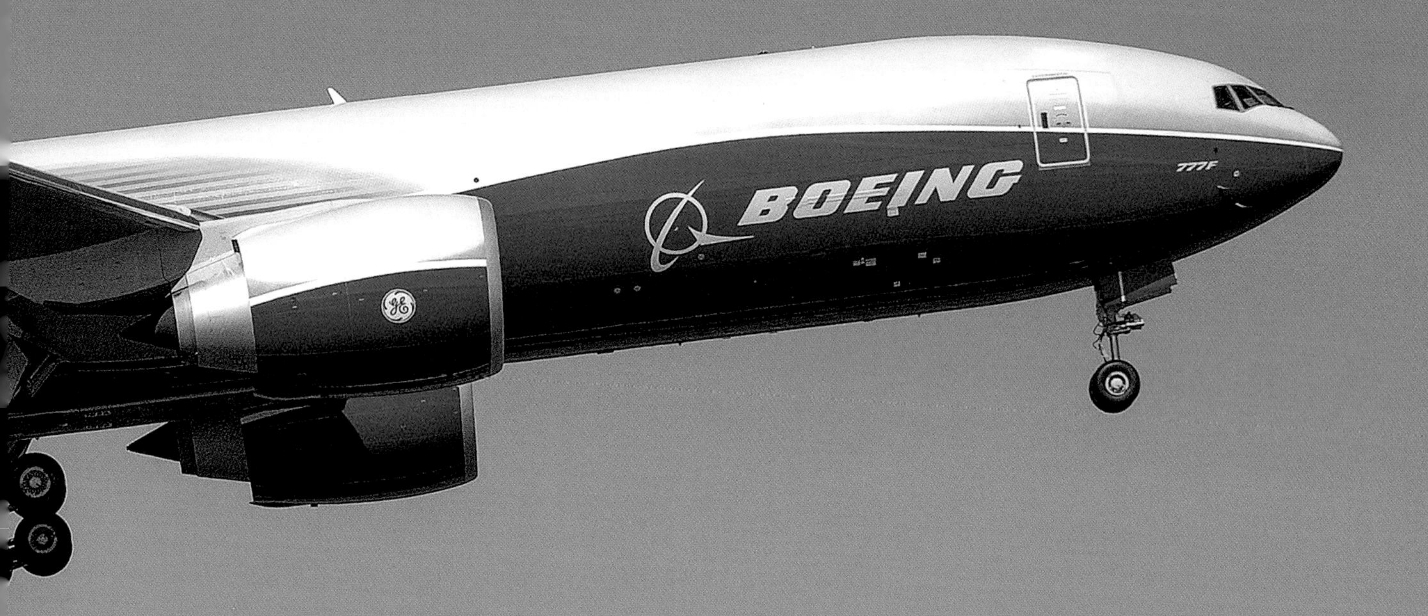

©ボーイング

第2章
300（スリーハンドレッド）ER

©エアチームイメージズ／アルヴィン・マン

ボーイング777-300ER型は，航続距離を最大7930海里（約14,686.3km）まで拡張したモデルだ。オリジナルモデルの全長をさらに拡大し，最大離陸重量（MCTOW：Maximum Certificated Takeoff Weight）と燃料容量を増加させている。ボーイング社はポイントトゥポイント（出発地から目的地まで乗り換えなしで向かえること）市場参入のため，300ER型を設計した。主な変更点としては，より大きな運航重量のために構造が強化されている点が挙げられる。具体的には，ウイングボックスの拡張，そして新しいレークトウイングチップ（主翼翼端）エクステンション，新しい機首とセミレバー式の主脚，テールストライク（胴体後部下面接触による事故）の保護システム，改訂版のストラットとナセル，そして定格約52.2tにアップグレードされたGE90エンジンが備えられている。

777-300ER型のローンチ当時，777-300型を利用して開発された

マーク・アイトンがボーイング社の777-300ER型について，そのデザインの特徴や構造を解説する。

KLMオランダ航空の旅客機。

同機は，史上最大かつ，最もパワフルなツインエンジン航空機となった。300ER型は「777」ワイドボディ機の歴史のなかで，ボーイング社が行ったペイロード（輸送される荷物の可搬量）と航続距離の拡大のための改良における成功例の一つといえる。

300ER型の開発を実現できるかどうか。ボーイング社の運命は，巨大なモンスター級の機体をもち上げられるだけの強力なエンジンを開発できるかどうかにかかっていた。ボーイング社は理想的なエンジンを見つけるために，それほど広い範囲を探し回る必要はなかった。オリジナルの「777」専用にGE90エンジンを特別開発したGEアビエーション社が，今度はファンの直径が128インチ（約3.25m）の大型複合ブレードを備えたGE90-115Bというターボファンを開発したのだ。

2003年の春，GEアビエーション社は同社の試験飛行機，747機でGE90-115Bエンジンの飛行テストプログラムを行い，大成功を収めた。この747型テスト機は，GEエンジンが実際に乗客を乗せる航空機に搭載される前に包括的なインフライトデータを集計するために設計されており，飛行試験のための空飛ぶラボといえる存在だ。

GEアビエーション社によると，機内の左側の位置にGE90-115Bエンジンを搭載して構成された747機は，152日間で48回の飛行，そして217時間という飛行時間を記録した。この実験によって，高度が高い状況でのフライトデータなど，地上のテストプログラムでは入手できないようなデータ，つまりエンジンの開発と承認のために不可欠なデータを得ることができた。

包括的な飛行試験プログラムはエンジンのパフォーマンス，エアスタートに関する能力，そしてシステムの耐久性に焦点を当てて行われた。GE90エンジンプログラムのゼネラルマネージャーを務めるシェーカー・シャルールは「最初のフライトによってプログラム全体の調子が整った。その後のテスト飛行も意欲的に行い，GE90-115Bの設計の高空性能や耐久性を検証していった」と述べている。

また，カリフォルニアで行われたGEアビエーション社の飛行試験運用において，エンジニアリングプログラムマネージャーを務めたアル・クライマスは「ボーイング777-300ER型の初飛行の前に，ボーイング社のエンジン，そして航空機のFAR25規格を満たすための貴重なデータを手に入れられた」と手ごたえを語った。

2003年2月に行われた777-300ER型の初飛行に続き，ボーイング社の飛行試験部門は三つの航空機を使った12カ月間の飛行試験期間に入った。

777-300ER型のフライトデッキ（操縦室）のレイアウトは777-200型，777-300型と同様に，六つの高解像度，フルカラー，アクティブマトリックスの液晶ディスプレイユニット（DU：Display Unit）を装備している。その外側には二つのプライマリ・フライト・ディスプレイ（PFD：Primary Flight Display）が表示され，その内側の左右両方にある機能はナビゲーション・ディスプレイとしてよく使用される。上部中央はエンジンに関する情報や乗組員へのアラートシステムを表示し，下部中央はマルチファンクション・ディスプレイとして使用される。クラシックの「777」モデルのフライトデッキ同様，パイロットたちはタッチパッドカーソルコントロールデバイスを使用してディスプレイ上のカーソルを動かす。

777-300ER型のように長い全長を誇る航空機の場合，テールストライクによる事故を防げるかが死活問題だ。パイロットが機体をすぐに機首上げまたは機首下げ方向に回転させるようなコマンドを送ったり，もしくは速すぎる速度での機首上げまたは機首下げ方向の回転を指示したりした場合に，このような事故が起こりやすくなる。ボーイング社は，この解決法としてテールストライク保護システムを開発して，ピッチアクシスコントロール（航空機の機首上げまたは機首下げ運動のコントロール）制御システムに組み込んだ。

航空機の空気力学的特性，重量，負荷パラメータの組み合わせにより，離陸時の機体にとって最適な機首上げのピッチ角が決定する。特に777-300ER型のように機体が長い航空機は，テールストライクのリスクを最小限に抑えなければならないため，機首上げのピッチ角には制限が設けられる。離陸の際には，航空機が滑走路から離れるにつれて，地面に対しての機首上げのローテーション（回転）と上昇率が機体のテールの動きに影響を与える。離陸スピードが遅ければ遅いほど，機首上げのローテーションは大きくなり，滑走路とテールとの距離はより近くなるというわけだ。

ボーイング社は機体のフライバイワイヤ操縦システム内に，テールプロテクションシステムを組み込んだ。これによって機体のパフォーマンスデータを常に監視することが可能となり，滑走路に対する機体のテールの位置や，離陸時の地面に対するテールの接近率を計算することができる。

システムが差し迫ったテールストライクの危険を察知すると，機体の操縦系統に自動コマンドが送信される。胴体後部下面接触による事故を回避するために，昇降舵を操作し最大10°まで機首下げの姿勢をとる。

このシステムはさらに，離陸時と着陸時の航空機の空気力学的特性を最適化し，ペイロードも増大させることができる。

外見的な観点では，777-300ER型は300型とほぼ同一といえる。ただし，異なる点としては約1.98mのレークトウイングチップ（主翼翼端）エクステンション，巨大なGE90-115型エンジンが挙げられる。777-300ER型はより大きな総重量を運ぶことができるよう，耐荷重要件を満たすために航空機の構造が強化され，主脚は主軸（中心）から後軸に回転をシフトするセミレバー式の配置をとる。セミレバー式の配置では，トラックの前方部分がメインストラット（支柱）の上部に接続する油圧式のダイアゴナルストラット（対角線ストラット）で構成されている。機体が回転するとき，油圧式のダイアゴナルストラットが固定され，トラックがメインストラットに対して垂直な状態に保たれる。この動きによって，機体は後軸を中心に回転し，メインギアの高さを約30.5cm増加させる仕組みとなっている。

ガルーダインドネシア航空の旅客機。

ボーイング777 300ER型の特性	
翼幅	約64.8m
全長	約73.9m
全高	約18.5m
最大離陸重量	約351.5t
最大着陸重量	約251.3t
最大無燃料重量	約237.7t
運航空虚重量	約167.8t
最大ペイロード	約69.9t
総貨物量	約201,615.9L
使用可能燃料	47,890gal（約181,283.4L）
巡航速度	マッハ0.84
シーリング	約12.5km
座席	396人の乗客が搭乗可能，2クラス
航続距離	7,370海里（約13,649.2km）
エンジン	二つのGE90-115B1

データ提供：ボーイング

ボーイング 777-300ER型

©エアチームイメージズ／マルカス・メインカ

第3章 777-300ER型の フライトテスト

『ボーイング・フロンティア』編集部のデビー・ヘザーズが，ボーイング777-300ER型における飛行試験プログラムについて紹介する。

ボーイング777-300ER型の飛行試験が始まったのは，2003年2月24日。初めて使用された試験機はWD501と呼ばれていた。そして2号機となったWD502が同年4月上旬に飛行試験プログラムに参入した。

777のチーフテストパイロットを務めたフランク・サントーニは，こう話す。「通常，横風と追い風のなかでの飛行を体験するためアイスランドへ，そしてアメリカ大陸の天然氷のある地域，暑い天候を求めてオーストラリアのアウトバック*1へと向かいます。我々は本拠地であるピュージェット湾*2以外の空港で飛行試験を行うことが多いのです。なぜなら多種にわたる必要不可欠なテストを行うためには，そのほうが効率的だからです」。

チームは特に重要なテストをエドワーズ空軍基地*3で行った。この空港を利用しているほかの飛行機が比較的少なく，滑走路が長いことがその理由だ。一方，遠隔地での試験では，エンジニアたちは飛行試験機を極端な状況下に晒し，テストを行っていた。マイナス33.9℃で霧に包まれたモンタナ州グラスゴー，マイナス47.8℃のカナダのバフィン島，35℃で湿度の高いシンガポー

*1　オーストラリア内陸部の砂漠を中心とする広大な地帯。
*2　アメリカ・ワシントン州北西部にある太平洋岸の湾。
*3　アメリカ・カリフォルニア州東部にある。

右：ボーイング700-300ER型の飛行試験用機体の一つである登録番号N5017V機のテスト飛行の様子。（©ボーイング）
左：ボーイング社の整備士が最大ブレーキテスト後に777-300ER型のホイールを交換するため，可動型のジャッキを操作している様子。（©ボーイング社）

エドワーズ空軍基地では，WD501チームはボーイングとFAAの認証テストを数え切れないほど実施。そのなかには離陸時のパフォーマンス，離陸時の乱れの影響，そして地上最小操縦速度に関するテストがあった。
BOEING 777-300ER
777
N5017V

ル，そして44.4℃まで気温が上がるオーストラリアのアリススプリングスなどが実験の場として選ばれていた。

それぞれのテスト地における飛行試験機は，あらゆる過酷な環境下に置かれたうえ，交換可能なすべての部品がテストされ，とり外され，そしてつけかえられるという手順を繰り返して試験が行われる。新しい航空機をローンチするための試験飛行のプロセスというのは，莫大な時間を要するものだ。試験飛行のメカニック部門の主任を務めるラリー・ムーリによれば，試験飛行に携わるチームは各航空機，そしてそれを構成する部品とあらゆるイノベーションに関して，整合性，耐久性，寿命，保守容易（メンテナンス）性を検証する責任があるという。

飛行試験のための準備作業は，すでに航空機の製造開始前に始まっている。つまり，飛行試験の計画とプログラムは，航空機が生産段階に入る前に承認されることになる。飛行試験機がひとたび空中を飛行し無事に着陸して，初めての飛行試験が成功すると，ほぼ24時間体制で数カ月にわたる包括的なテストが開始され，その試験が続けられる。

主な焦点は「変化」

777-300ER型が旅客サービスに参

ボーイング社の飛行試験クルーがブレーキテスト中，突然降り出した豪雨から身を守るため，777-300ER型の機体の下で雨宿りしている様子。（©ボーイング社）

入できるということを証明するため，アメリカ連邦航空局（FAA：Federal Aviation Administration）はボーイング社に数々のテストを実行するよう要求した。777-300ER型に対して行われたテストのうちの多くは「777」シリーズの旧モデルである777-200型，777-200ER型，777-300型からの変化や進化を表すものとなった。

777-300ER型は，777-300型の航続距離を1700海里（約3148.4km）以上伸ばして7420海里（約13,741.8km）とし，さらに24.9tの貨物を上乗せして積むことができるようになった。そのほかの変化として以下が挙げられる。

・主翼を約201.1cm拡張し，レークトウイングチップ（主翼翼端）エクステンションを装着することで，全体の空気力学的な効率を向上させている。767-400ER型に装備されているものと似ているレークトウイングチップは，離陸滑走距離を短縮したり，上昇性能を高めたり，燃料消費量を減少させたりする働きをしてくれる。
・航空機の機体構造，主翼，尾翼，そして前脚を強化し，増加された約344.5tの離陸重量に耐えられるようにしている。
・新しい主脚，ホイール，タイヤ，そしてブレーキの搭載。
・補助的な電子テールスキッド（尾ぞり）を追加。このソフトウェアは航空機の機首上げ姿勢がプリセットされた制限値を超えた場合，昇降舵の動きを指示することによって，離着陸時に滑走路にテール部分を不用意にこすることを防ぐ役目を果たしている。
・定格推力の非常に高いエンジンに対応するため，スラットとナセルを改良。
・ゼネラル・エレクトリック社のGE90エンジンの，定格推力の高い新しい派生型の搭載。

パイロットの役割

ボーイング社の民間航空機パイロットであるフランク・サントーニは，最初の飛行試験プログラム以降，常に777に携わってきた。

「我々のすべての作業のうち，飛行機を飛ばすという作業自体は全体の20％にも及びません。我々はパイロットであるだけでなく，エンジニアでもあるのです。新しい機能を構築するため，エンジニア部門や製造部門との協力も不可欠になってきます」。

サントーニは続ける。「飛行機に乗ることが好きな人にとっては最高の天職かもしれませんが，この仕事は単なる航空機のパイロットの仕事とは違う。通常のフライトエンベロープ（運動包囲線）を使って航空機をテストするだけでなく，航空機のパイロットが通常は飛行しないような条件下での飛行にも多くの時間を費やしています。この作業によって，航空機が異常な状況下におかれても期待されたとおりの動きを見せるという確証を得られます。それ以外にも，テスト中のあらゆる変化を理解し，評価する必要があります」。

飛行試験プログラムは，限界を超えた挑戦を航空機にさせることを目的としているのではなく，パイロットたちがそれらの限界を超えた操縦を行うことを防ぐための警告システムの基準を設定するために実施される。

サントーニは「我々は航空機の性能，乗客の快適性，そしてパイロットが航空機を操縦する能力を高めるための改良の手助けをしたいと考えています」と話している。

ボーイング社の飛行試験の方針によれば，航空機の初のテスト飛行ではパイロット陣しか搭乗することが

> 遠隔地での任務中，エンジニアたちは飛行試験機を極端な状況下に晒し，テスト飛行を行っていた。マイナス33.9℃で霧に包まれたモンタナ州グラスゴー，マイナス47.8℃のカナダのバフィン島，35℃で湿度の高いシンガポール，そして44.4℃まで気温が上がるオーストラリアのアリススプリングスなどが選ばれた。

許されていない。その後，徐々にエンジニアや試験飛行クルーなどの重要要員が搭乗を許可され，性能を分析する。

サントーニは，「これらの人々は必要に応じてすぐに決定を下し，テストの内容を変更することができます」と説明する。「我々は地上にもデータを送信しますが，機内にいる間でもデータを分析することができる。機内のクルーは3，4回の実験を行うことで，時間を最大限に活用してコストを最小限にとどめています」。

「普通」とは一線を画す航空機

約73.8mの長さを誇る777-300ER型の試験飛行機の内部は，コンピューターワークステーション（業務用の高性能コンピューター）とプリンターの列，データストレージの棚，そして45個の60gal（約227.1L）ウォーターバレルで満たされていた。飛行中，エンジニアたちはバレル間で水を移動させることで，機体の前部と後部の重量分布を移動させ，航空機の重心位置を変更していく。

コンピューターワークステーションの働きによって，エンジニアたちはフライトデッキ（操縦室）において何が起きているのか把握することができる。ビデオスクリーンがパイロットの操縦とナビゲーション・ディスプレイを映し出し，それぞれのスクリーンがデジタルタイムスタンプを表示。何か問題が起こった場合は，内部に録画されたビデオによって，一連の出来事を正確に，ピンポイントで把握することができる。

機体の後部には巨大なリールが装備されている。トレーリングコーンと呼ばれる圧力を測定するための装置を収容するためのもので，コーンは飛行中，航空機の後ろ側に引き出され，航空機の後方の静圧（高度）を測定する。テスト中，コーンは航空機の後方約38.1mまで引き出されるため，機体が空気中を移動することによってつくり出される圧力場の影響範囲の外側に設置され，正確な測定が可能となる。

何百回も繰り返し行われたテスト

飛行試験の初期段階，最初のテストではFAAによる型式検査承認（TIA：Type Inspection Authorization）が付与される前に必要となる，基本的なフライトエンベロープ（運動包囲線）に対する主要な要件をクリアすることに焦点を当てていた。チームは2003年3月中旬にTIAを取得すると，すぐにテストを始め，エンジニアリングテストを継続しながら，合間を見て認証テストを行っていった。

実施された認証テストのなかには，最大総重量での離陸，上昇や失速特性（失速速度での飛行特性），そしてバフェット（飛行中に生ずる振動の一つ）が発生する速度限界の評価も含まれていた。エンジニアリングデータの収集に関しては，ブレーキのスリップ防止機能の調整（滑り止めの調整），ブレーキシステムコントロールユニットのソフトウェアの評価，テールストライク保護システムの開発，降着装置の作動評価，およびそのほかにも多くのテストが用意されていた。

一方，エドワーズ空軍基地では，WD501チームがボーイングとFAAの認証テストを数え切れないほど実施。そのなかには離陸時のパフォーマンス，離陸時の乱れの影響，そして地上最小操縦速度に関するテストがあった。

エドワーズで実施されたそのほかのテストには，操縦安定性，最低飛行制御速度，失速特性，GE90-115Bエンジンの15ノット（約7.71m/秒）のテールウインド（背風）時の吸気の妥当性試験，そしてフライトコントロールに関するモード抑制機能の評価に関するものも含まれていた。

エドワーズでの時間を最大限に活用するために，朝の時間帯は毎日滑走路上での作業で埋まっていた。同空軍基地には，約4.57kmという長距離の滑走路があり，そのおかげでパイロットたちは航空機の離陸時のパフォーマンスをしっかりと評価す

777-300ER型の試験飛行機に搭載されている45個の60gal（約227.1L）ウォーターバレルの一部。テストを行うためにエンジニアたちはバレル間で水を移動させることで，機体の前部と後部の重量分布を変化させ，航空機の重心位置を変更している。（©ボーイング）

ることができた。午後には風が出てくるため，操縦安定性の試験が重点的に行われた。

夏の終わり，第3四半期を通じてずっと，WD501とWD502の二つの航空機は拡張したオペレーションとシステムトライアルのために使用された。

そしてFAAと欧州航空安全機関（EASA：European Aviation Safety Agency）の認証によって，777の型式証明の修正と，ボーイング社に777-300ER型の製造を許可する製造証明書が付与されている。

アメリカに本拠地を構える航空機リース会社，インターナショナル・リース・ファイナンス・コーポレーションの顧客であるエールフランス航空は，2004年4月に最初の777-300ER型機を受け取った。

エドワーズでのテストは，777-300ER型が行った1600時間のフライトと1000時間の地上テストプログラムのうちのほんの一部にしかすぎない。そして最終的に2004年3月，FAAによる航空機の認証に至った。計3機の777-300ER型の試験飛行機が，フライトテストに携わった。

ボーイング社によると，綿密かつ厳格なテストプログラムによって，極寒のロシアのヤクーツクや蒸し暑いオーストラリアのアリススプリングスのような，極端な環境下での航空機の性能が実証されたという。テスト飛行の主な試験項目には空気力学的な特性に関するものをはじめ，操縦安定性，フライトコントロール，構造，そしてシステムに関わるものが含まれていた。

飛行試験中の優れたパフォーマンスによって，ボーイング社は事前の計画よりも長い航続距離と，高いペイロードの能力を兼ね備えた航空機の開発に成功。777-300ER型は365人の乗客が搭乗可能となり，最大7,705海里（約14,269.7km）の距離を移動できるようになった。

第4章 「トリプルセブン」を改良する

いかにしてボーイング社は「777」の従来の性能を受け継ぎ，
第２世代へのバージョンアップを行ったのか。マーク・ブロードベントが解説する。

現在，800機を超える777-300ER型が発注されている。こちらはサウジアラビア航空777-3FG/ER HZ-AK40（シリアルナンバー：61598）が2017年4月，フランス・パリのシャルルドゴール空港でタキシング（誘導路を走って滑走路に向かう）している様子。（©エアチームイメージズ／マシュー・ドゥヘア）

これまで運用されてきた「トリプルセブン」は六つ。777-200型，777-200ER型，777-300型，777-300ER型，そして超長距離の777-200LR型，777貨物機だ。

777-300ER型は売り上げの観点からいえば，突出した実力をもつ最高の「役者」だ。2020年9月までに発注されたすべてのレガシーモデル，第2世代のトリプルセブンのうち，838という数を占めている。ボーイング社は777-200ER型を422機，777-200LR型を61機，777F型を234機販売。現在生産中止となっているモデルでは，777-200型を88機，777-300型を60機という販売実績がある。

777-300ER型がヒットした主な理由としては，7370海里（約13,649.2km）の航続距離，そして収納容量の大きさ（スタンダードな2クラス構成で396席を配置），ツインエンジンという経済性，そして約201.6m^{3}というロワーデッキの貨物容量が挙げられる。このような特長によって，各航空会社には貴重な増分収益の機会が与えられるのだ。

トリプルセブン群はこれまで60を超える世界中の会社に引き渡されている。特にドバイを拠点とするエミレーツ航空は，ほかのどの航空会社よりも多く就航している。

性能向上パッケージ

人気のある製品は，おのずと大規模な顧客データベースができあが

カタール航空の航空機が，2015年のPIPの結果を反映した初めての航空機となった。この変更点はすべての777-300ER型に適用されている。（©ボーイング）

2015年のPIPによって実現された2%の燃料削減のうち，約0.5%は，GE90ターボファン・エンジンの燃料燃焼のアップグレードによるもの。さらにボーイング社は航空機に，軽量のホイールとブレーキを導入した。（©エアチームイメージズ／ルディ・ボアジュロ）

上：2015年のPIPで導入されたダイバージェント・トレーリングエッジによってキャンバー（翼の断面形状の進行方向に対する反り）を増加させ，それによって翼上面の気流が増速される。（©エアチームイメージズ／メフラド・ワトソン）

る。そうして築かれたデータを基に，ボーイング社が「777」の改良に努めるのは当然のことだ。

2009年，同社は777-300ER型用に開発されたいくつかのテクノロジーが旧モデルにレトロフィット，つまり，劣化した古い装置などを改造して新式の技術を組み込むことができると気づき，777-200型，777-200ER型，および777-300型用の性能向上パッケージ（PIP：Performance Improvement Package）を導入した。

2009年のPIPでは三つの重要な変更が導入された。一つ目は気流のコントロールと推力回復のためのコントロールを改善する目的で，アップグレードされたラムエア・タービンシステムだ。二点目としては，垂れ下がったエルロンが挙げられる。ソフトウェアベースをベースとした変更については，アウトボードウイングにより大きな空力負荷をかけ，荷重分布をより楕円形にし，抗力を減少させるように設計された。三つ目の変更点は，翼全体にかかる抗力をさらに減らすために，32個のボルテックスジェネレーター（空気の乱流を発生させ，空気抵抗を減少させるための突起物）をより小さなサイズの737タイプのボルテックスジェネレーターへとつけかえることだった。

ボーイング社は2009年のPIPによって，最初の777-200型，777-200ER型，そして777-300型と比較して1％の燃料消費の削減，そしてCO_2排出量としては年間約1360.8t以上の削減を実現したと発表している。

777-300ER型の空力最適化

2009年のPIPのあと，ボーイング社のエンジニアたちは777-300ER型，777-200LR型，777貨物機の改善に目を向けるようになった。これらのモデルの変更は空気力学な特性，重量，そしてGEアビエーション社のGE90-115Bターボファン・エンジンという三つの分野で行われ，これらの改良は2015年に発表されたPIPで導入された。

PIPの空気力学分野における最も

©ボーイング

重要な変更点のうち一つは，後部胴体にとりつけられていたテールスキッドを除去したことだ。ボーイング社の副社長でボーイング777Xのチーフエンジニアであるテリー・ビーズホールドは，フライバイワイヤ方式のフライトコントロールシステム（FCS：Fly-by-wire Flight Control System）のための新しい制御則を開発した，と語ってくれた。このソフトウェアは，滑走路に対する後部胴体の位置を感知する。そして，システムが潜在的なテールストライク（胴体後部下面接触による事故）の危険を察知すると，テール（尾部）が地面にぶつかるのを防ぐため，機首下げのピッチを生成するよう昇降舵に指示を送る（詳細については300 ER型を参照）。このソフトウェアによって，ボーイング社はテールスキッドを取り外し，後部胴体周辺部の空力効率を向上させることが可能となった。

空気力学分野におけるそのほかの変化といえば，2015年のPIPで導入されたダイバージェント・トレーリングエッジが挙げられる。これは主翼のアウトボードエルロンの下面にとりつけられる後縁装置で，同装置によってキャンバー（翼の断面形状の進行方向に対する反り）を増加させ，それによって翼上面の気流が増速される。

ダイバージェント・トレーリングエッジは，ボーイング社のワイドボディ機における翼に関するデザイン哲学を表しているといえる。つまり，エアロフォイル（翼型）上に発生する気流を最大限に増やすということだ。この哲学を当てはめて考えれば，なぜ777型と787型には，競合他社であるエアバス社が好むウイングチップフェンス（矢のような形状）やウイングレット（垂直尾翼に似た形状）ではなく，レークトウイングチップ（傾斜した翼端形状）が備えつけられているかがわかる。

風洞試験や翼に関する数値流体力学による分析を通して，そのほかの領域においても抗力を削減するチャンスがあることがわかった。2015年のPIPにおける空気力学分野の変化としては，フェアリング（空気抵抗を減らすためにかぶせるカバー）の翼に対する「よりタイトなラップ」とビーズホールドが表現した部品を用い，インボードフラップトラックフェアリングをなめらかにするという変更点も含まれた。

胴体にかかる抗力を削減することにも，関心が向けられた。ビーズホールドは「信じられないかもしれませんが，これらすべての窓や小さな段差，窓と外板表面との間のわずかなずれによっても抗力が発生します。だからこそ我々は，より一貫した，流れるようなウインドウ・トゥ・スキンのインターフェイスを開発したのです」と解説する。

さらには，テール（尾部）付近の抗力も削減することができた。ビーズホールドは「我々が気づいたのは，昇降舵と水平安定板の間の溝をよりうまく埋められれば，抗力を減らすことができるのではないかということです」と振り返る。FCSのピッチトリムソフトウェアのロジックも同様に見直され，巡航中に昇降舵が安定板トリムを増やすことで，抗力が削減できるようになった。

重量の削減

2015年のPIPにおける二つ目の要素は，777-300ER型の構造を見直し胴体の側面とクラウンエリア（航空機の外板の下にあるキャビンの上にある，航空機内のスペース）を変更し，重量を削減することだった。

新しい軽量断熱ブランケット，軽量ダクトによる断熱，低密度の採用（したがってより軽い）油圧用の液体の採用，さらにより軽いホイールとブレーキシステム，タイヤも採用された。

ボーイング社は機体の重量の面から考えると，軽量断熱ブランケットをとり入れたことで約136kg，改良版の車輪とブレーキシステムによって約120kg，そして軽いタイヤにより約131.5kgの削減につながったと説明。また，テールスキッドを外したことでも，約147.4kgのダイエットに成功したという。

ボーイング社によると，全体として見れば，現在製造されている777-300ER型機は，2004年に顧客に納品された最初のモデルと比べ，おおよそ544.3kg削減されているという。

エンジン強化

2015年のPIPにおける三つ目の改善点は，777-300ER型，777-200LR型，そして777F型に搭載されるGE90-115Bエンジンに関するものだ。

GE90のターボファンは製造元のGEアビエーション社によって，777専用に開発されたもの。同エンジンは炭素繊維複合材料のファンブレードを使用した，初の民間航空機エンジンとなった。このエンジンは航続時間2000万時間という基準を超えてからわずか4年後の2014年に，4000万時間の使用実績を達成している。

GE90エンジンは，高効率で信頼性が高いことが証明されている。GEアビエーション社によれば，777-300ER専用に開発された定格約52.2tのGE90-115Bの燃料消費率は，開発の段階で目標とされた値と比べて3.6％優れており，航空機としての出発信頼度は99.8％に達する。

GEアビエーション社はサービス開始後もGE90-115Bエンジンへの投資を続け，構成要素の改善には年間5000万ドル（約54億5,315万円）を費やした。このような継続的な投資という背景を知ると，2015年のPIPの一環としてボーイング社がエンジンの改善にとり組んだことは全く不思議ではない。

結果としてGE90-115Bの燃料燃焼がアップグレードされたパッケージは，GEアビエーション社の次世代GEnxエンジンやパスポートエンジン用に開発されたテクノロジーを利用した改良によって構成されている。

GEアビエーション社の広報担当者によると，このアップグレードバージョンの燃料消費パッケージには，GE90-115Bエンジンの変更点が含まれているという。ファンモジュールがつくり出す空気力学的な特性により，スムーズな空気の流れを生み出し，抗力を削減して，高圧コンプレッサー（圧縮機）のステージが一つのブリスク（ローターディスクとブレードを一体化させた部品）に変更されて効率が向上した。新しい高圧タービン（HPT：High Pressure Turbine）のアクティブクリアランスコントロール（ACC：Active Clearance Control，運転状態でタービンや圧縮機などの翼先端部の隙間を制御するシステム）が導入され，巡航中のHPTチップクリアランス（チップと呼ばれるファンの先端とファンカウリングの間の隙間）が狭くなり，HPTシュラウドグラインドが最適化され，チップとシュラウドの平均クリアランスが狭くなった。そして圧力タービンノズルを変更したことで，効率が向上。最終的には巡航性能を向上させるために，信頼性の高い改良されたコアコンパートメント冷却バルブが導入された。

ボーイング社は空気力学，重量，そしてエンジンという三つの主要なアップグレードに加え，2015年のPIPではオプションとなるキャビン（客室）アップグレードを行った。軽量のギャレー（厨房設備），省スペースの洗面所，真っすぐに整備された後方座席トラック（オペレーターが最大14席分の座席を追加できるようにした），プレミアムウインドウシェード（ブラインド），LEDライト，前方の客室騒音の改善，そして2番扉のドアエントリーが拡張されるなどの改善が盛り込まれた。

数字を読む

ボーイング社は，777-300ER型，777-200LR型，777F型というすべての機体に対して，2015年のPIPでの空気力学的な対策，軽量化対策，そしてエンジン変更を導入すべきであると主張。777の旧モデルと比較して，一回の運航あたりの燃料消費は2％減少，各シートあたりのコストを5％削減することにつながるとみている。GEアビエーション社の広報担当者は，この燃料消費の削減率の2％という数字のうち，GE90-115Bエンジンの改良が0.5％を占めていると明かした。

2015年のPIPは777-300ER型と777F型の標準構成としてだけでなく，現在就航中の航空機に対するレトロフィット版としても採用された。2016年7月，ボーイング社はカタール航空がPIPの結果を反映した初めての航空機のカスタマーとなったことを発表している。ガルフ航空は所有するすべての777モデル，計43機をアップグレードする計画を明かした。

GEアビエーション社の広報担当者は次のように語っている。「GEアビエーション社は，工場に定期的な点検や整備の際にとりつけることが可能な，HPT ACCマニフォールドとオプションのコアコンパートメントの冷却バルブというエンジンアップグレードキットも提供しています。おおよそ1800台のGE90-115Bエンジンが，このキットの恩恵を受けることができるのです」

777X型へのリンク

ボーイング社のビーズホールドは，現在のトリプルセブンシリーズが777X型のデザインのベースラインとなっている点に関して，777-300ER型用に最初に開発されたテクノロジーは新世代にも貢献していると強調する。

「777X型の構成ではテールスキッドを再度使うという傾向が見られました。そのため，わが社の飛行力学を専門とする科学者とフライトコントロールチームが電子的なバーチャルのテールスキッドを開発するための，より洗練された制御則の開発に踏み切りました。我々の出発点は

©エミレーツ航空

©エアチームイメージズ／マシュー・ドヘア

777-300ER型に搭載された『テールスキッドテクノロジー』だったのです」。

しかし2009年のPIPで777-300ER型のテクノロジーが以前の航空機に導入されたように，現在のトリプルセブンシリーズは現在作業中の新しいモデルの恩恵も受けている。2015年のPIPでのいくつかの改善点は，実は当初は777X型のために開発されたものだった。

ビーズホールドはこう解説している。「たとえばダイバージェント・トレーリングエッジは，我々の飛行科学部門が（777X型用に）開発した技術です。空気力学的な形状を考えた場合に，より高いパフォーマンスと技術を発揮するものを検討し始めたとき，777-300ER型と非常に似たものができることがわかりました」。

この発言は航空機のデザインと開発に関して，ボーイング社の全体的なアプローチを表しているといえる。ビーズホールドは，こう補足する。「さまざまな時代の，さまざまなモデルにおいて，数々の進化が採用されています。つまり，我々は777モデルという家族全体を，継続的に改善できる方法を見つけようとしているわけです。異なるモデル間でいくつもの相互開発がありますよ」。

相互開発における別事例としては，777-300ER型にとりつけられたダイバージェント・トレーリングエッジの開発が挙げられる。これは777X型だけでなく，ドリームライナーから派生した787-10型の基礎として提供されている。

ボーイング社のエコデモンストレーター・プログラムは，排気削減，低騒音化，航空機の効率の改善，環境調和および技術革新という目標を達成するための新しい技術とプロセスを探究するために行われた。

同プロジェクトは飛行試験を行うことで，さまざまな構想をよりすばやく開発に活用し，実用化するという目的で立ち上げられ，2011年にローンチされた。これまでに6機の航空機が飛行試験機として使用されている。最初の実験機は，2012年のアメリカン航空の737-800型N897NN（シリアルナンバー：33318），次いで2014年のボーイング社の社内モデル，787-8型ドリームライナーN7874（シリアルナンバー：40693）。その後は2015年の757-233型N757ET（シリアルナンバー：24627），2016年にはブラジルのエンブラエル社の社内モデルE170の飛行試験機であるPP-XJB（シリアルナンバー：17000003），2018年にはFedEx社の777貨物機N878FD（シリアルナンバー：40684），そして最後に2019年の777-200型N772ET（シリアルナンバー：29747）と続いた。

2018年9月，ボーイング社の民間航空機における環境パフォーマンスディレクターを務めるジーンヌ・ユーは，こう説明している。「エコデモンストレーターの実験機となったさまざまな航空機は，我々の革新と新技術への探求のために非常に役に立ちました。これまでに108の異なるテクノロジーに関する実験を行い，そのうちおよそ1/3はすでに製品化されています。1/3は今まさに製品化の最中で，残りの1/3は研究段階を終え，これから製品化に向けて取り組むところです」。

さらに，エコデモンストレーター・プログラムのディレクターであるダグ・クリステンセンは「我々はエコデモンストレーター機を利用することで，実に画期的なこれらのテクノロジーを，非常に迅速なスピードで製品に導入できているのです」と補足する。

エコデモンストレーター機で最初にテストされ，のちに新しい航空機に搭載されることになったテクノロジーの一つが，2012年のエコデモンストレーター・プログラムでテストされたウイングレット（主翼翼端にとりつけられる小さな翼端板）だ。これは，のちに737マックス型ファミリー（系統機）に採用された「アドバンスト・テクノロジー・ウイングレット」（上下に枝分かれされた形状の翼端板）に直接導入された。

2018年のエコデモンストレーター

エコデモンストレーター機のそれぞれの段階は，航空産業のほかの組織とのパートナーシップの協力によって成り立っている。これまでにプログラムに関わってきたパートナーとしては，アメリカン航空やドイツのTUI航空，運送会社であるFedEx社，さらにはブラジルのエンブラエル社やロールス・ロイス社のような装備品メーカー，システム系のメーカーであるロックウェル・コリンズ社，そして公共団体のNASA（アメリカ航空宇宙局）やアメリカ連邦航空局が挙げられる。

ユーは「コラボレーションが大き

ボーイング777-200型N772ETは，2019年のエコデモンストレーター・プログラムのトライアルにおける6機目の飛行試験機となった。（©ボーイング）

第5章
「トリプルセブン」の エコデモンストレーター・プログラム

2018年の第1，第2四半期に行われたボーイング社の
エコデモンストレーター・プログラムでは，
FedEx社の777F型を使って，新しい素材，システム，
そしてエンジン技術がテストされた。
マーク・ブロードベントが報告する。

なカギを握っていました。テクノロジーの革新，そして知識面において，全体のレベルを引き上げてくれるパートナーとともにとり組めたことで，プロジェクトをよりスピーディーに進めることができたのです」と語っている。

実際，2018年のエコデモンストレーター機においては，ボーイングチームをいくつかのパートナーが支えていた。FedEx社が777F型を飛行試験機として提供し，日本のJAXA（宇宙航空研究開発機構），フランスのサフラングループ，ブラジルのエンブラエル社を含むさまざまな組織が協力。最終的に推力や素材などの材料面，そしてフライトデッキ（操縦室）の強化や効率的な飛行操作といった，37もの幅広い分野にまたがる技術がトリプルセブンで実験された。

エコデモンストレーター機として使用された777F型は2017年10月にFedEx社にのみ納品されたが，そのわずか3カ月後の2018年1月にはボーイング社に返送され，テスト用のセンサーや部品がとりつけられた。同機はエコデモンストレーター機として約3カ月にわたって飛行したのちに，すべてのテスト用の機器がとり外され，再び本来の貨物機としての役割を果たすために2018年6月にFedEx社に戻っている。

ボーイング社のエコデモンストレーター・プログラムとは，排気と騒音を削減して航空機の効率性を向上させ，環境と技術革新の目標を達成するための新しい技術とプロセスを探究するものだ。

ライダーセンサーが航空機の約16.1km先まで探索し，晴天乱気流の位置を探し出す。（©ボーイング）

重量を削減するため，いくつかの熱可塑性の部品を使用したよりコンパクトな逆推力装置は，エコデモンストレーターでテストされた重要な実験のうちの一つ。（©ボーイング）

逆推力装置

エコデモンストレーター・プログラムの実験機，777F型でテストされた重要なテクノロジーのうちの一つが，ボーイング社が新しくデザインした逆推力装置だ。ターボファン・エンジンのファンのサイズは，推力を増強するために大きくなっており，これはナセル，カウリング（エンジンカバー），逆推力装置など，そのほかのエンジン部材も大きくなることを意味する。

クリステンセンは「我々は同装置をより小さく保つ方法を見つけなければならなかったのです。ファンの直径に合わせ，すべてを大きくすることはできませんから」と振り返る。大きなパーツはそれだけ重量が重く，抗力が発生してしまうからだ。

2018年のエコデモンストレーター機において，ボーイング社は新しく，よりコンパクトな逆推力装置のプロトタイプの開発に成功した。軽量化のために熱可塑性の部品を使い，逆推力装置が動作していないときの抗力を低減させるため，より少ないハードウェアで動作するようにさせている。クリステンセンはこう語る。「この航空機では，新しい逆推力装置をゼネラル・エレクトリック社のGE90エンジン（777に搭載されているエンジンと同じもの）にとりつけ，従来の逆推力装置と同じだけの停止力があることを確認するためにテストと実証を行いました」。

さらに，777F型（N878FD）にはサフラン・エレクトリカル・アンド・パワー社による電気系統が装備された。このなかには，発電および配電システム，エンジンと航空機の配線，電動ファンも含まれた。サフラン社は次のように発表している。「ボーイング社との強力なコラボレーションを通して，サフラン・エレクトリカル・アンド・パワー社は民間航空機向けの飛行に耐えうる最速の電気システムを設計，開発しました。この技術は市場において実にユニークなものであり，将来的には航空機の電気システム全般を最適化できると考えています」。

サフラン社によると，同システムには航空機の電気ネットワークの制御，保護，監視，そして記録のすべての機能を管理する単一の配電盤と，冷却と客室の換気用の電動ファンが含まれている。システム内にある可変周波数のギアがとりつけられた発電機は，777に搭載されている既存の発電システムと比べ，熱損失を60％カットし，重量を15％削減できると同社は強調している。

ユーが説明する。「（サフラン社は）エンジンにかかる負荷に関して，エネルギー効率を高める機能を開発するため，4年間にわたってわが社と協力することを計画してくれました。しかし実際はエコデモンストレーター・プログラムのおかげで，4年の予定だった計画がわずか18カ月で済んでしまったのです」。

さらに，777エコデモンストレーター機は，ある重要な役割を果たした航空機でもある。民間航空機として初めて，代替燃料のみを使用して飛行してみせた。バイオ燃料のデモンストレーションでは，通常は従来のジェットA-1燃料を融合させ，50％のみバイオ燃料が使用されていたが，FedEx777型はいくつかの試験飛行において，バイオ燃料100％の状態での飛行を成功させている。

FedEx社は777貨物機N878FD（シリアルナンバー：40684）を2018年のエコデモンストレーター機として貸し出した。（©ボーイング／ジョン・D・バーカー）

素材

航空機に搭載されたテールフィン（垂直尾翼）キャップは積層造形で製造されたもので，NASA製の統合コンポーネントを備えていた。クリステンセンが解説する。「補助動力装置の一部は，チタンを使って3Dプリントされたものでした。これは軽量化につながるだけでなく，より効率の高い設計となります。無駄をなくすという意味もあるのです」。

クリステンセンは続ける。「購入対飛行の比率（buy-to-fly ratio），つまり製造するために購入された原材料と実際に空を飛ぶための部品となった材料の重量比についての話をしましょう。通常はチタンブロックのかたまりから削り出して部品を製造しており，この比率が10:1となっていますが，我々は積層造形による3Dプリントで製造することで，この比率を2：1にすることに成功したのです」。

ボーイング社は「製造廃棄物を減らす。あるいは，リサイクル素材を使う。製造の際の副産物を再利用する。さらには，価値の高い材料を再利用して新しい航空機に生かすということを常に追求しています」と説明する。この目的を果たすため，777エコデモンストレーター機には，リサイクルされたチタン素材の部品が使われている。これは，ボーイング社のロシア支社が開発し，エンブラエル社とのコラボレーションによって機体に搭載されたものだ。

飛行機の運航

環境性能を改善するためのエコデモンストレーター・プログラムのとり組みには，航空機の部品の改良だけでなく，飛行機の運航における効率を改善する方法の追求も含まれていた。

2018年版では，統合的な計器着陸装置（ILS：Instrument Landing System）がテストされた。従来のILSは地上から送信された無線ビームを使用していたが，クリステンセンは「トラブルを起こす危険性がありました。無線がうまく届かなかったり，ほかの航空機によって妨げられてしまったりすることもありました」と実情を明かす。

それとは対照的に，統合的なILSはGPS信号の形式で衛星情報を利用し，航空機のシステムのアプローチラインをつくるという。クリステンセンが補足する。「GPSをベースとしたシステムを使用して，ILSビームが行うのと同じように航空機の位置を確認するのです。パイロットは（操縦席から）同様の表示を確認することになりますが，唯一の違いはインジケーター（表示する機器）がILSビームではなく衛星を使用しているということ。これによって，その日の天候や空港の状況による影響がなくなり，空港に着陸する航空機の運航が，より一貫したものになるのです」。

ボーイング社は，衛星をベースとしたデータによる精度の向上により，着陸を行う航空機の間隔を狭めることが可能となったことを明かしている。つまり航空会社と空港にとって，より効率的な運航ができるようになった。特にピーク時にはこの効果が大きい。

後流（ウェイク）を乗りこなす

航空機が飛行する際，航空機が後方に残した渦により追加の揚力が発生する。クリステンセンは「前方に航空機がいる場合，勝手に揚力が増えます。鳥が飛ぶときと同様で，後方を飛ぶことで効率がよくなるので

（©ボーイング）

777F型が真冬のモンタナ州・グラスゴー空港で，空港面の運用および衝突防止装置の地上テストを行うために，空気で膨らませた大型の可動式のパイロンに接近している様子。（©ボーイング）

す」と解説する。

2018年のエコデモンストレーター機では，前方を飛ぶ航空機が発生させた後方乱気流を検出するために，新しい予測アルゴリズムがテストされた。このアルゴリズムでは，L3社とタレス社の合弁企業であるアヴィエーション・コミュニケーション・アンド・サーヴェイランス・システム（ACSS）社が提供する監視機能が使用されている。

N878FDがFedEx777F型機の後方を飛行する試験が行われた。クリステンセンは「前方の飛行機の後流（ウェイク）がどのように近づいてくるかを予測し，航空機を安全な位置に配置して，後流に“うまく乗る”ことで燃料の消費を減らすということができることを披露したのです」と振り返る。

これこそがボーイング社が開発したアルゴリズムの初披露の機会だった。クリステンセンはこう語る。「実験や分析の一環として，どの位置が（航跡を乗りこなすための）ベストポジションなのか，どのように航空機を配置できるのかを検討していました。後流のどこに航空機が位置しているのかにもよりますが，燃料消費を5～10％改善することができるのです」。

航空路における航空機の位置の認識を向上させるための技術は，効率的なナビゲーションとルート管理に明らかに役立つ。そのため後方乱気流の研究とは別に，エコデモンストレーター777Fは，空中衝突防止装置（ACAS X：Airborne Collision Avoidance System X）規格の開発に使われているデータを取得する目的でも使用された。これに続き，飛行の際の安全性を強化し，航行援助装置を改良し，効率的なルート管理と燃料消費の最適化を実現するために，TCAS II（Traffic Collision and Avoidance System）と呼ばれる空中衝突防止装置規格の強化が計画された。ACSS社が提供した別の監視機能がこの一連の機能を補助した。

ボーイング777F型はエコデモンストレーター・プログラム終了後に，FedEx社の通常業務に戻った。（©ボーイング）

晴天乱気流

さらに，エコデモンストレーター777Fは，ボーイング社とJAXAが提携し開発した晴天乱気流（CAT：Clear Air Turbulence）の検出システムのプロトタイプをテストするために使われた。

このシステムではライダー（LIDAR：Light Detection and Ranging）を使用している。つまりパルスレーザーライトが標的を照らし，センサーで反射を測定して標的（この場合は乱気流）までの距離を生成する仕組みだ。JAXAによると，航空機の約16.1キロ先までというそれまでに開発されたCATセンサーのなかで最も長い距離を検索し，従来の気象レーダーでは識別できなかった，機体に近づいてくるCAT（晴天乱気流）の位置を特定することができるようになったという。クリステンセンが重要な点を補足する。「乱気流の強さがわかるだけでなく，乱気流がいつ来て，機体に到達するのかを，カウントダウンをしてくれるということです」。

ユーの説明によると，このシステムは前方にある乱気流について，乗組員に対して約70秒前から警告を発してくれる。乗組員はシートベルト着用サインを点灯し，乗客と乗組員の両方に対して着席するよう，そして揺れによるけがを回避するよう伝えることができるのだ。

クリステンセンが語る。「我々はカンザスで丸一日を過ごし，晴天乱気流が起こる天候をいくつか見つけることができました。あえて乱気流のなかに飛び込み，システムが問題なくそれを予測できるか，そして乱気流が機体にぶつかるのをしっかりとカウントダウンをしてくれるのかを観察しました。このシステムの予測性能の正確性は，非常に驚くべきものでした」。

さらにクリステンセンはJAXAが現在，CAT検出システムを現在のフライトディスプレイに統合させることにとり組んでいることも教えてくれた。エコデモンストレーター777Fに搭載されたシステムは約83.5kg。JAXAによると，この重量は手荷物を一つもった一人の乗客の重さに相当するとのことで，重量による弊害はほんのわずかだということがわかる。JAXAはこのシステムがあれば，乱気流による損傷を60％削減できる可能性があると考えているという。

SOCAS

エコデモンストレーター777Fでテストされたもう一つの機能は，空港面の運用および衝突防止装置（SOCAS：Surface Operations and Collision Avoidance System） だ。これは悪天候で航空機がやむなくタキシングしている際に，乗組員が航空機にとって障害物となるもの（ほかの航空機，建物，地上で動く乗り物，人など）を特定できるように設計された。

レーダーセンサーからのデータとビデオカメラの画像とを組み合わせ，機体をとり巻く環境の「地図」が作成され，そこにはあらゆる物体，車，建物，そして航空機がモデル化されて表示される。この地図によっ

N878FDは100％バイオ燃料による試験飛行を行った。

てSOCASは，機体の周りに何があるのかを「感知」し，潜在的な衝突の危険性を認識できる。次にシステムは障害物となる物体があることを，乗組員に知らせるのだ。

SOCASの性能をテストするため，モンタナ州のグラスゴー空港に，消防自動車と，空気で膨らませた大型の可動式のパイロンが設置され，問題なく障害物を検知し，警告を出せるかの実験が行われた。

先を見通す

エコデモンストレーター・プログラムはわずか数年の間に実に多くのテクノロジーをテストしてきた。現在もいくつかのプログフムが継続しているという事実は決して驚くことではない。

ユーは説明する。「我々のリーダーたちはテストプラットフォームの使用頻度を増やすことを望んでいるのです。我々はこれまでに提案されているテクノロジーの全項目を検討し，（テクノロジーを）適切なプラットフォームに，適切なタイミングで組み合わせ，どのプラットフォームが必要かを決定している最中です」。

2019年のエコデモンストレーター

2019年，ボーイング社のエコデモンストレーター・プログラムでは777-200型N772ET（シリアルナンバー：29747）を飛行試験機として使用し，秋にかけて50ものテクノロジーの実験が行われた。なかにはドイツのフランクフルト国際空港への飛行も含まれ，現地ではエコデモンストレーター・プログラムのテクノロジーのミッションが，政府関係者や業界関係者，そしてSTEM（Science Technology Engineering Mathematics）教育を受ける学生向けに紹介された。

2019年に実施された試験では，航空交通管制機関とフライトデッキ，そして航空会社のオペレーションセンター間でデジタル情報を共有し，航路の決定における効率性と安全性を最適化するための実験も行われた。また，テストの一部には，気象条件が変化した際に自動的にパイロットにルート変更情報を提供する次世代通信を利用した電子フライトバッグアプリケーションが含まれ，機体の外の様子を撮影して乗客に知らせるためのカメラもテストされた。

最も重要な，搭乗客のネットワーク接続に関するテストも行われ，ここではボーイング社がiCabinと呼ぶ標準のネットワークキャビンが使用された。ボーイング社によれば「ギャレー（厨房設備）と化粧室をスマートにし，温度や湿度などの客室の状態を監視して，自動調整を可能にした」という。

排気量を削減し，さらにその実現可能性を証明するため，ほとんどの試験飛行は持続可能な航空燃料を用いて行われた。

ボーイング社がエコデモンストレーター・プログラムをローンチして以来，112ものテクノロジーがテストされ，同社によればそのうち1/3以上が「実装の段階へと移行した」という。約半分はまだ開発段階にあり，そのほか残ったもののテストは中止された。

現在使用されているテクノロジーのなかには，リアルタイムでパイロットに情報が提供され，燃料使用量と排気量を削減できるようにしたり，進入航路における騒音を減らすための情報を読みとることができたりする機能がある。パイロットが地上の障害物を避けるのに役立つ777Xと同様のカメラシステムも備えられているし，iPadのアプリケーションもある。これは777Fを含む2018年のエコデモンストレーターでテストされた。

2020年，ボーイング社はエティハド航空とある提携を結んだ。最新の787-10ドリームライナーを使用して，排気量や騒音を削減するために設計されたシステムをテストする予定だ。

第６章 ブリティッシュ航空の「トリプルセブン」

ボーイング社の777はブリティッシュ航空で人気が高い。すでに四つの異なるモデルが運行され，さらにビッグツイン（Big Twin）の新モデルの注文も入っている状況だ。ボブ・オブライエンとともに，トリプルセブンのキャリアとイギリスが誇る航空会社のキャリアを見ていこう。

1998年12月，ボーイング社はブリティッシュ航空を含む数社の顧客を招き，話し合いを行った。まったく新しいデザインをとり決めるためだ。マクダネル・ダグラス DC-10とロッキード・トライスターという航空機は当時世界の主要な航空会社で使用されながらも老朽化しており，代わりとなる機種が必要とされていた。

徹底的な話し合いののちボーイング社は1990年，最終的に新しいデザインを決定し，777（トリプルセブン）と名づけた。外観は767と似ていたが，最初のモデルは747-300型より約6.1m短く，後方の翼幅と胴体幅は同じだった。

777は1990年10月に正式にローンチされ，ユナイテッド航空からのオーダーは34機，同じ数だけ追加発注もあった。これこそがボーイング社初となる完全なフライバイワイヤ方式の航空機で，ガラス製のコックピットが備えられていた。

初めての注文

1991年8月，ブリティッシュ航空の取締役会は777-200型を5機，777-200IGW型（IGWは総重量の増加の意）を10機購入することを承認した。777-200IGW型はブリティッシュ航空では777-236ER型という名で呼ばれ，より多くの乗客を運ぶことを目的としていた。10機の200ER型の追加注文もなされた。

777-200型の初飛行が行われたのは1994年6月12日。のちにユナイテッド航空でN777UAと呼ばれる機体によって実施された。同モデルは最大ペイロードで5240海里（約9,704.5km）の航続距離を誇った。ブリティッシュ航空における最初の同

©エアチームイメージズ／コリン・パーカー

©エアチームイメージズ／フローラン・ラクレッソニエール

モデル，G-ZZZAは翌1995年の2月2日に飛行した。ボーイング社の指定では，ブリティッシュ航空の顧客番号は「36」と定められていたため，正式な名称は777-236型となった。この命名方法は以降もブリティッシュ航空で運航を開始するすべての航空機に適用されたが，現在ではこの方法はとられておらず，同航空が注文した777-9型には使用されなかった。

この航空機（機体記号N77779）がブリティッシュ航空に納品される前の4月20日から21日にかけて，同機はヒースロー空港にいったん届けられ，ブリティッシュ航空のスタッフたちが新型の航空機に慣れるようにしたという。同機はG-ZZZBとともに，777の試験飛行プログラムに参加したこともある。

ブリティッシュ航空に納品された最初の777は，1995年11月11日にヒースロー空港に到着した。その6日後，同じモデルのG-ZZZCはドバイ経由で，ヒースローからオマーンのマスカットへ向かう定期便としての最初の運航をしている。飛行家のパイオニアに敬意を表し，同機は「サー・チャールズ・エドワード・キングスフォード・スミス」と名づけられた。777のうち，G-ZZZAからG-ZZZEの5機のみ，このように有名な飛行家の名前がつけられている。

ブリティッシュ航空の運航では，客室は三つのセクションに分かれている。ファーストクラスは17席，クラブワールドと呼ばれる席が70席，ワールドトラベラーと呼ばれる席（エコノミークラス）が148席で，それぞれのクラス専用にギャレーがある。この航空機は，ワールドトラベラーキャビンの後ろにある3席の乗客のシートを使用していた客室乗務員のために，同航空会社が「ハイコンフォートシート」と呼ばれる席を初めて設置した航空機だ。当初は200シリーズの乗組員は2人のパイロット，客室サービスディレクター，3人のパーサー（のちに2人に削減），そして8人の客室乗務員のみだった。

1995～1996年の冬の残りの期間に，G-ZZZC，G-ZZZD，G-ZZZEの3機はカイロ空港とパリのシャルルドゴール空港にのみ就航し，このタイプに搭乗できる乗組員の時間を増やした。

1996年9月には，ブリティッシュ航空がさらに3機の777-236ER型を発注。それらはすべて1998年の3月に納品され，同時期に同航空は200ER型17機の追加発注を行った。

ETOPS（イートップス）

777は1996年10月，180分間の双発機による長距離進出運航（ETOPS：Extended-range Twin-engine Operational Performance Standards）の承認を受けた。これによって仮にエンジンが故障した場合にも，その時々に適切な代替空港へと3時間以内の飛行時間で向かえるルートを飛行できるようになり，ブリティッシュ航空はアメリカ便でこれを導入できることになった。

ブリティッシュ航空にとって初めてとなるボーイングの777-200型，G-ZZZAは1995年2月2日に初飛行を行った。ボーイング社の指定では，ブリティッシュ航空の顧客番号は「36」と定められていたため，正式な名称は777-236型となった。

サウジアラビアのリヤドやジッダなどを目的地とした便だけでなく，777はパリへの1日3回のローテーションでも使用された。

最初の777-236ER型，G-VIICは1997年2月に届けられた。同機は約41.7tの推力を生み出せる一方で，約40.8tの減速速度で作動するように，アップグレードされたGE90-92B（85B）エンジンを搭載していた。これらの航空機はさらに32人の乗客を収容することが可能になり，14席のファーストクラス，56席のクラブワールド，197席のワールドトラベラーと，計267席を設置。このレイアウトは，200型では（ほかの二つのクラスと比較した場合に）広々としていたワールドトラベラーのギャレーのサイズを，より多くのトイレを収容するために半分にする必要があることを意味していた。そしてこのモデルはアメリカの東海岸，中東，およびインドといった目的地に適していることが証明された。

1997年6月，ロンドンのガトウィックにあるブリティッシュ航空の拠点から，追加発注された5機のER型航空機がバミューダ諸島，ダラス，アトランタ，ガーナの首都アクラへと飛行した。ブリティッシュ航空にとって初めてガトウィック空港から離陸した777は，G-VIIA機で同機は1998年2月3日にバミューダに向けて出発。その後ブリティッシュ航空のネットワークが拡大するにつれ，同年の夏季にはガトウィック空港発着便を補うために7機の777が必要となった。そして追加の機体がヒースロー空港から移送されている。これらの数の777が，新型コロナウイルスの感染拡大が旅行業界に影響を与えるようになった時期まで，イングランド南部のウェストサセックス地域にあるガトウィック空港で運航されていた。

1998年5月にはさらに5機のER型が追加購入され，合計で29もの機体の注文が確定した。翌年5月に納品された3機は，ブリティッシュ航空とフライング・カラーズ・グループの合弁会社であるエアライン・マネジメント株式会社（AML：Airline Management Ltd.）による飛行の契約を引き受けるため，ガトウィックに届けられたという。新しい航空機は，これまで使用されていた三つのブリティッシュ・カレドニアン航空のDC-10-30型にとって代わった。これらの777はメキシコ，キューバ，ジャマイカ，そしてドミニカ共和国へ，ブリティッシュ航空の傘下の航空機として就航。パイロットは主要な777の操縦に関わっていたメンバーから，そして客室乗務員はAMLから選ばれている。G-VIIO，G-VIIP，G-VIIRは業務において，383人の乗客（クラブワールドは28席，ワールドトラベラーは355席）を運ぶことができた。これらの航空機は，さまざまな客室の構成によってホリデーシーズンのフライトを管理しているガトウィック空港における七つの例のうちの一つといえる。

第７章 ボーイング777 貨物機

ほとんどのジェット貨物機は古い旅客機を改良してつくられているが，ボーイング社はその市場である賭けに出た。それは777の貨物機バージョンを新たに準備したことだ。そして大成功を収めた。バリー・ロイドが詳述する。

2004年，ボーイング社にとっての重要ないくつかの顧客からの要望に応えるかたちで，ボーイング社は20の航空会社と貨物輸送会社を含むワーキンググループを立ち上げた。その背景にはボーイング777の完全な貨物機バージョンを設計，製造する目的があり，マクダネル・ダグラスDC-10，MD-11の貨物機バージョン，ボーイング747，757，767貨物機等の代替品としての役割が想定されていた。2005年5月には，エールフランス航空から5機の777F型の最初の発注があり，ついに貨物機バージョンのプロジェクトが動き出した。2008年7月14日にこのモデルの初飛行が行われ，最初の機体が翌年の2月19日に，エールフランス航空に届けられた。

777F型は約110tのペイロード（積載重量）を運ぶことが可能で，

©エアチームイメージズ／マシュー・ドヘア

第8章 ピマのボーイング 777-200型

アリゾナ州ツーソンにあるピマ航空宇宙博物館に寄贈された史上初のボーイング777-200型。その寄贈までの経緯と輸送方法について，マーク・アイトンが解説する。

「世界初の777として，B-HNLはわが社，そして商用航空の両方の歴史において，非常に特別な存在となっています。そして我々は，この機体がアリゾナの新しい居場所において，愛好家の方々に新しい楽しみをもたらすことができることを大変うれしく思っています」。（キャセイパシフィック航空CEO，ルパート・ホッグ）

©エアチームイメージズ／コリン・パーカー

2018年の後半，キャセイパシフィック航空とボーイング社は史上初めてつくられたボーイング777を，アリゾナ州ツーソンにあるピマ航空宇宙博物館に寄贈した。777-200型の機体（製造ライン番号：WA001，B-HNLとして登録）は，香港のキャセイパシフィック航空の本拠地を発ったあと，14時間近くの飛行を経て，デビスモンサン空軍基地に到着。B-HNLは現地時間の午後12時20分ごろに香港を出発し，デビスモンサンには2018年9月18日の午前11時14分に着陸した。

キャセイパシフィック航空のCEO（最高経営責任者）を務めていたルパート・ホッグは報道陣に対し「世界初の777として，B-HNLはわが社，そして商用航空の両方の歴史において，非常に特別な存在となっています。そして我々は，この機体がアリゾナの新しい居場所において，愛好家の方々に新しい楽しみをもたらすことができることを大変うれしく思っています」と語った。

ホッグCEOはこう続けている。「過去20年間，非常によい働きを見せてくれた我々の777-200型が徐々に引退していくなか，これからは最先端の777-9型を我々のラインナップに迎えられることを心から楽しみにしています」。

また，ボーイング社の民間航空機部門の社長兼CEOを務めていたケヴィン・マカリスターは次のように述べた。「キャセイパシフィック航空は，777プログラムが大成功を収めるために，大きく寄与してくれました。同社は777の初期の設計に多大なる貢献をしてくださり，それ以来わが社にとっての最大のアンバサダーの一員となってくれています。そして現在は777X型のローンチカスタマーとなってくれている。ボーイング777が紡ぐ素晴らしい物語を何年にもわたって皆様と分かち合う一つの方法として，キャセイとのパートナーシップにより，この博物館に本機を寄贈できることに興奮しています」。

同機体（製造ライン番号：WA001，B-HNLとして登録）は1994年4月9日に，ワシントン州にあるボーイング社のエバレット工場でお披露目され，初飛行はその64日後に実施された。WA001は11カ月間の飛行試験プログラムにおいて飛行試験機として使用され，2000年にキャセイパシフィック航空に売却されるまではボーイング社の所有物となっていた。同年の12月に香港を拠点とする同航空会社へと輸送される前に，販売の条件として，機体に搭載されていたプラット＆ホイットニー4000シリーズのエンジンは，新しいエンジンパイロンにとりつけられたロールスロイス800エンジンへとつけかえられた。B-HNLは2018年5月の引退まで，キャセイパシフィック航空で就航していた。

ボーイング社によると，1990年代，キャセイパシフィック航空は777の設計段階において情報を提供した数少ない航空会社のうちの一つだった。これによって，香港を拠点とする同航空会社は，航空機の機能をニーズに合わせて改良するという貴重な機会を得ることができたのだ。要望のなかには，ボーイング747型と同等の断面積をもつ客室や，現代的なガラス製のコックピット，フライバイワイヤ方式，そして運用コストの低さなどが含まれていた。

同機は現在，博物館に常設展示されている。

航空自衛隊（JASDF）にとって初めてのトリプルセブンとなった777-3SBER型は，2018年8月17日に特別航空輸送隊の本拠地である北海道の千歳基地に到着した。製造番号62439，製造ライン番号1422の同機は，ボーイング社の試験登録N509BJ機として日本に届けられ，その後8月30日にはシリアルナンバー80-1111として正式に航空自衛隊に引き渡された。2機目（80-1112）は自衛隊が所有していた747-400型の2019年3月の引退を前に，2018年12月に届けられた。

トリプルセブンの両機は，東京都の府中基地に拠点を置く航空自衛隊の航空支援集団に割り当てられ，千歳基地の特別航空輸送隊内に所属する第701飛行隊が運用を任されている。両機は天皇，皇室，そして首相やその側近たちが世界の国々を訪問する際に使用される。「空飛ぶ内閣府」という別名をもつ両機は，国際的な災害救援活動，平和協力活動および貢献活動（戦闘地域での連合軍の支援）の目的で，海外に在留する日本人や，そのほかの国民を救助したり，日本へと帰国させたりするためにも使われている。実際，第701飛行隊は2013年1月21日から24日まで，当時アルジェリアに住んでいた日本人を避難させ，母国へと送還させるという最初の任務を遂行した。

2014年8月12日，防衛省はANA（全日本空輸）に対し，777-300ER型の機体整備を一任する契約を結んだ。

2017年5月15日にはANAの施設において777機内の改造訓練が行われ，前述のとおり，2018年8月17日には最初の航空機が到着した。初めての海外飛行訓練は，羽田空港からオーストラリアのシドニーまで35人の乗客を乗せて，2018年11月3日から5日にかけて実施された。

特別航空輸送隊が正式にトリプルセブンの運航任務を請け負う。その決定は，2019年4月22日から29日にかけて安倍晋三前首相がパリ，ローマ，ウィーン，ブリュッセル，そしてワシントンDCを訪れた際に

©エアチームイメージズ／マシュー・ドヘア

第9章 日本のトリプルセブン

マーク・アイトンが，日本の航空自衛隊が所有する，2機のボーイング777-300ER型の取得までの経緯とその運用についてまとめた。

なされた。

自衛隊が所有する2機のトリプルセブンは，日本国政府専用機の主務機，予備機としての呼び名をもち，VIP室や要人のためのスペース，会議室などを備えている。

実際に航空自衛隊の整備員が同機に搭乗し，整備に関する問題が起きた場合にすぐに修理をしたり，機体の耐久性，運用性の維持などを行ったりする。機内の乗組員はすべて航空自衛隊の隊員によって構成され，隊員たちはさまざまな業務にあたる。とりわけVIPの荷物の計量，積み込み，そして機内食の提供やアナウンスなどの仕事を重点的に行っている。

安全性を追求すること，時間を厳守すること，そして快適さを提供することこそが乗組員の担う主な責任であり，あらゆる面でタイミングが重要となる。というのも，航空自衛隊によると，VIPのスケジュールは分単位で予定されており，航空機が到着すると同時に一日が始まるからだ。到着の遅れは，VIPのその日の計画に大きな影響を与えてしまう。時間どおりの到着が常に求められている。

第10章 ボーイング 777X型

マーク・ブロードベントがボーイング社の新モデル，ボーイング777X型の概要を説明する。

2種類のボーイング777X型は今日までに309機の注文を受けているという。（©ボーイング）

2013年11月の正式なローンチから4年後，ボーイング777X型プログラムは開発ペースを上げていた。基本的なエンジニアリングは完成に近づき，サプライチェーン（供給連鎖）の準備が整い，認定試験は進行中と，同モデルの最初の航空機の製造作業が進んでいた。

ボーイング社の副社長で，ボーイング777X型のチーフエンジニアを務めていたテリー・ビーズホールドは当時，こう語っていた。「プロジェクトは非常にエキサイティングな段階にたどり着きました。飛行試験プログラムのための開発，そしてリスク軽減を数年行った末，ようやく製造の段階に入ったのです」。

ボーイング社は777X型プログラムにおいて，777-9型，777-8型という二つの新しいトリプルセブンを開発している。同社はこれらの航空機が，これまで製造されたなかで最も成功したワイドボディツインジェット（双発）旅客機として，将来的にも人気を維持するのに役立ってくれることを望んでいる。現在までに1800機弱のトリプルセブンが販売され，そのうち1500機以上が納品されている。

両モデルのうち，777-9型が最初に開発されている。

最大のツインジェット（双発機）

777-9型の突出した特長といえば，そのサイズだ。この航空機の全長は約76.8mと，777-300ER型より約2.13m長い。現在の生産モデルと比べると，追加された四つの胴体フレームによって全長が延長されている。

同機はこれまでにボーイング社の製造した航空機のなかでも最長の旅客機となり，約76.3mの747-8型よりわずかに長く，約72.8mのエアバスA380型より約4.02m長い。これ

こそが新しいトリプルセブンのサイズであり，約84.03mを誇る世界最大の航空機，アントノフAn-225ムリーヤよりわずかに約7.04m短いだけ。飛行中の777-9型の翼幅は約71.8mであり，約79.8mのA380型の翼幅より少し短い。約88.4mという巨大なAn-225ムリーヤと比べた場合にはかなり低い数字となるが，約64.9mの翼幅をもつ777-300ER型と比較すると，翼幅が長くなっている。

777-9型は400人以上の乗客を乗せることを初めて実現したツインエンジン旅客機だ。ボーイング社が発表している暫定的な，空港計画のための航空機の特徴をまとめた文書の最新版によると，同機は777-300ER型の396席（2クラス構成）よりも座席数を増やし，標準の2クラスの座席レイアウトで，414席を配置できる。777-300ER型と比べ，胴体の両側のキャビンを約5.08cmずつ広げたスカラップフレームにより，典型的な3-4-3座席レイアウトで横に10の座席を配置することが可能となった。

ワイドボディ機の顧客基盤を形成している主要なネットワーク航空会社にとって，777-9型の座席数の多さは大きな意義をもつ。各社が最も重要視している旅行者，つまり航空会社にとっての利益につながる，プレミアムクラスの座席で飛行する旅行者をより多く運べるチャンスを提供してくれる。

初期のトリプルセブンと比べる

777-300ER型と比較した場合，777-9型には以下のような違いがある。

- 全長は約2.89m長い。
- 折りたたまれた状態の翼幅は同じ長さ。ただし，折りたたまれていない場合は約6.93m広くなる。
- 水平安定板は約3.00m広い。
- ホイールベース（前輪軸と後輪軸との距離）は約1.09m長い。
- エンジンは胴体中心線から約0.99m機体の外側に配置されている。
- 垂直尾翼の最大高さの差は約0.91m未満。
- 主脚の幅は約1.83m狭い。

データ提供：ボーイング

「ボーイング社の見解では，777-9型が置かれている市場にほかの航空機は存在せず，A350-1000型を次のように見ているのです。実際にA350-1000型は，777-8型のより直接的な競争相手となりますが，我々の見方では777-8型はもっと高性能な航空機だと考えています」。（テリー・ビーズホールド／ボーイング副社長兼777Xチーフプロジェクトエンジニア）

ボーイング777-8型の主な特長はその航続距離。（©ボーイング）

と，ロワーデッキの貨物室の容量が増加したことによって，収益を上げられるポテンシャルをもっている。ロワーデッキのカーゴホールドは約230.2m³。仮にオプションのリアカーゴドアを選択した場合，777-9型は48個のLD3コンテナ（前方のホールドに26個，後方のホールドに22個）を収納可能で，カーゴホールドが約201.6m³の777-300ER型ではこれを44個しか積むことができない。

前述の空港計画のための航空機の特徴をまとめた文書によると，777-9型の基本の最大離陸重量（MTOW）は約351.5tで，こちらは777-300ER型と同じ数字となっている。

これらすべての統計，そしてパフォーマンスに関するデータは，最大のツインジェット旅客機としてトリプルセブンの位置を確固たるものにしている。777-9型は文字どおり「ビッグツイン」なのだ。

航続距離と効率性

777X型の二番目のモデルとなる777-8型は，全長約76.8mの777-9型よりも約7.01m短い。姉妹機（乗客365名収容可能，2クラス構成）と比べ座席数は少ない。具体的な数値はいまだ明らかにされていないが，胴体部分の短さは必然的に床下の貨物容量も少なくなっていることを意味する。

しかし777-8型の特筆すべき特長はそのサイズではなく，航続距離だ。ボーイング社によると，同機は8690海里（約16,093.9km）の距離を飛行することが可能で，航空会社に対して新しい飛行ルートを開発する可能性を提供できるという。同機の航続距離を地図に当てはめて考えると，2クラス構成で365人の乗客を乗せた場合，ロンドンのヒースロー空港とオーストラリアのパース空港間，そしてニューヨークのJFK空港とニュージーランドのオークランド空港間という超長距離の移動が可能となる。

初代のトリプルセブンを含む従来のワイドボディ機ファミリー（系統機）と同様に，777-9型と777-8型は互いに補完しあう関係となっている。ビーズホールドはこう話す。「777-9型は大容量，そして777-8型は長距離という魅力を提供してくれます。つまり777X型は必要に応じて長い航続距離を提供することもできるし，必要がない場合は標高が高い空港での離着陸，暑い天候下に

777X型の主要な特徴

- 全長約76.8mの機体は，これまでにボーイング社で製造された航空機のなかでも最長。777-300ER型よりも長い。
- 搭載されているGE9Xエンジンのファンの直径は約3.4mで，これまでに開発されたジェットエンジン用のなかで最も大きいファンである。
- 777-9型は史上初めて，400人以上の乗客を収容できるように設計された双発機である。
- 折りたたみ式のウイングチップ（主翼翼端）は，ICAOコード（国際民間航空機関が定めるコード）Eの適合性を保証するために伸縮可能となっている。
- 787型ドリームライナー，そして現在生産されているトリプルセブンと比べると，システム面では共通性がある。
- フライトデッキ（操縦室）にはタッチスクリーンが備えられている。

データ提供：ボーイング

ボーイング777X型の注文状況

航空会社名	777-8型	777-9型
ANA（全日本空輸）		20
ブリティッシュ航空		18
キャセイパシフィック航空		21
エミレーツ航空		115
エティハド航空	8	17
ルフトハンザ航空		20
カタール航空	10	50
シンガポール航空		20
国籍不明（そのほか）		10
合計	18	291

データ提供：ボーイング・オーダーズ・アンド・デリバリーズ
データ：2020年9月修正版

2020年1月25日，ボーイング777-9型は同モデルの初飛行として
ワシントンのエバレットペインフィールド空港を出発した。（©ボーイング）

おいて優れたパフォーマンスを発揮してくれる。非常に高い柔軟性を備えているのです」。

ボーイング社によると，両モデルの777X型機は，高温かつ標高が高い地域（たとえばマドリードとメキシコシティ間），長距離かつ高温の地域（ロサンゼルスとドバイ間），長距離かつ高いペイロード（搭載重量）の地域（シドニーとサンパウロ間），そして超長距離（ニューヨークのJFK空港とシンガポール間）などの飛行が可能となっている。

さらに追記すべきポイントがある。実は777-9型は777-8型のように超長距離飛行用に最適化されてはいないが，それでも決して航続距離が短いわけではないということだ。7525海里（約13936.3km）の飛行が可能となっている。つまり，2クラス構成で414名の乗客を乗せ，最大離陸重量約159.5tの状態で，ロンドンとロサンゼルス間，ニューヨークのJFK空港と香港間を移動できる。

777X型は初期のトリプルセブンのパフォーマンスを改善している。777-9型の収容量と航続距離は，777-300ER型の396席，2クラス構成，そして7370海里（約13,649.2km）という数値と比べて増加している。これまでトリプルセブンのなかで最長の航続距離を誇っていた現在生産中の777-200LR型の317席，8555海里（約15,843.9km）と比べ，777-8型の性能は向上している。

ボーイング社によると，効率の面で777X型は777-300ER型と比較した場合に，777X型は座席あたりの燃費が20％向上しているという。大容量かつ長い航続距離を誇るツインジェット旅客機市場において，ボーイング社にとっての主要な競争相手であるエアバス社のA350-1000型と比べた場合，777X型は座席あたりで燃費が12％高い。運用コストは10％低く，二酸化炭素の排出量は12％少ない。

ビーズホールドによると，ボーイ

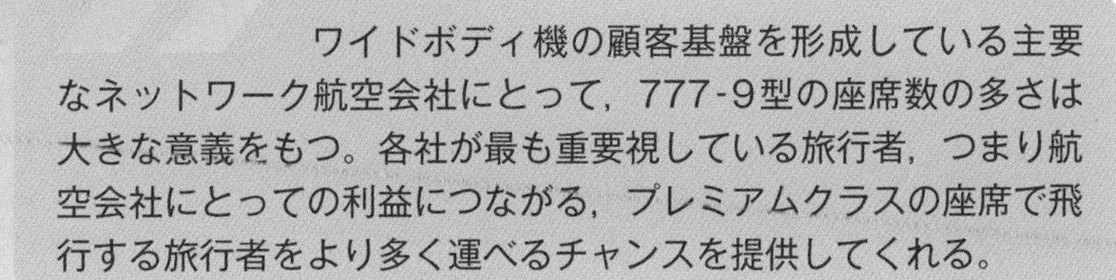

ワイドボディ機の顧客基盤を形成している主要なネットワーク航空会社にとって，777-9型の座席数の多さは大きな意義をもつ。各社が最も重要視している旅行者，つまり航空会社にとっての利益につながる，プレミアムクラスの座席で飛行する旅行者をより多く運べるチャンスを提供してくれる。

ング社の見解では，777-9型が置かれている市場にほかの航空機は存在せず，A350-1000型を次のように見ているという。「実際にA350-1000型は，777-8型のより直接的な競争相手となりますが，我々の見方では777-8型はもっと高性能な航空機だと考えています」。

統合テストと信頼性試験

ボーイング社は，777X型にとって成熟度の評価とテストがとりわけ重要になると考えている。これは決して驚くべきことではない。なぜなら777X型の前に登場した新しいワイドボディ機である787型の開発が遅れた際に悪評が立ってしまった苦い過去があるからだ。テリー・ビーズホールドの残したコメントを見れば，この経験が同社に大きな痕跡を残したことが推察できる。

ビーズホールドはこう語っている。「このプログラムで私たちが行ったことのうちの一つは，すべての認定テストを従来よりもはるかに速く完了させるということです。これまで行ってきた方法よりも素早く，すべてのシステムの成熟度を高めたのです」。

2018年の後半にボーイング社は認証試験を完了した。ビーズホールドは振り返る。「つまり，ハードウェア面，環境面，条件面が完全に整い，すべてのシステムのテスト，すべてのEMI（電波障害）テストを完了したということです。私たちはすべてのサプライヤーに対してこれを課しているため，すべてのサプライヤーが機器の設計と認証試験の両方で責任を負っているのです」。

ビーズホールドは続ける。「さらに我々はサプライヤーに対し，特に新しい機器においては，我々が言うところの信頼性向上テストというものを行うよう求めました。彼らはハードウェアの最初のプロトタイプを作成して，それを事前に行った認証試験にかけてくれました。振動レベルの設定値を超えたテストを行い，ハードウェア内の脆弱な部分を探してくれたのです。続いて設計を変更し，より頑丈にすることで，通常我々が求めるよりも高いレベルにまで耐えられるようにしてくれました」。

ビーズホールドいわく，一連のプロセスは777X型の設計に高いレベルの信頼性と頑丈さを組み込めるように計画されているという。「その後，通常であれば簡単に認証試験に進み，最終的な完全版のテストの前に設計を〈強化〉します。しかし今回，我々は飛行試験プログラム中に航空機レベルでの問題が発生しないように，認証試験を行いました。このプロセスを経たことによって，プログラムの後半で変更を加え，飛行試験中に完成に近い航空機を新たに提供しなければならないというリスクが劇的に減少したのです」。

ボーイング 777-8型

ボーイング777-8型の特性	
翼幅（ウイングチップが広げられた場合）	約71.8m
翼幅（ウイングチップが折りたたまれた場合）	約64.8m
翼面積	約466.8m^2
全長	約69.8m
全高	約19.5m
最大タキシー重量	約352.4t
最大離陸重量	約351.5t
最大着陸重量	今後発表予定
最大無燃料重量	未定
運航空虚重量	未定
最大ペイロード	未定
総貨物量	未定
ロワーデッキの貨物体積	約230.2m^3
ロワーデッキカーゴ	未定
使用可能燃料	未定
巡航速度	マッハ0.85
シーリング	未定
座席	365名の乗客が搭乗可能，2クラス
航続距離	8,690海里（約16,093.9km）
エンジン	ゼネラル・エレクトリック社の二つのGE9X，各エンジンの定格推力は約45.4t

データ提供：ボーイング
現在も試験飛行プログラムは継続中のため，いくつかのデータは確認中。

©ボーイング

ボーイング 777-9型

ボーイング777-9型の特性

翼幅（ウイングチップが広げられた場合）	約71.8m
翼幅（ウイングチップが折りたたまれた場合）	約64.8m
翼面積	約466.8m^2
全長	約76.7m
全高	約19.5m
最大タキシー重量	約325.4t
最大離陸重量	約351.5t
最大着陸重量	約266.3t
最大無燃料重量	約254.9t
運航空虚重量	未定
最大ペイロード	未定
ロワーデッキの貨物体積	約230.2m^3
ロワーデッキカーゴ	通常はLD3コンテナを46個（前方に26個，後方に20個），もしくはオプションの後方カーゴドアがあれば48個（前方に26個，後方に22個）収納可能
使用可能燃料	52,300gal（約197,977L）
巡航速度	マッハ0.85
シーリング	未定
座席	414名の乗客が搭乗可能な2クラス構成，もしくは349人の乗客が搭乗可能な3クラス構成
航続距離	7525海里（約13,936.3km）
エンジン	ゼネラル・エレクトリック社の二つのGE9X，各エンジンの定格推力は約45.4t

データ提供：ボーイング・キャラクタリスティック・フォー・エアポート・プランニング（空港計画のためのボーイング社航空機の特徴をまとめた文書）

第11章
翼

マーク・ブロードベントが777X型の翼の設計と空気力学的な特性について解説する。

777X型に搭載されているGEアビエーション社製のGE9Xターボファン・エンジンは，民間航空機向けにつくられた史上最大の航空エンジンだ。このエンジンこそが，新型トリプルセブンに約束されている成功を実現するために重要な役割を果たすと考えられている。一方で，エンジンはその方程式を構成する一つの要素に過ぎない。777X型の翼にも大きな役割がある。

このモデルの翼には炭素繊維強化プラスチック（CFRP）複合材料が使用され，機体のパネル，外板（スキン），縦通材（ストリンガー），そしてすべての桁（スパー）に同素材がフル活用されている。約32mの桁は，これまで旅客機用に開発されたなかで最大の一体成型の複合材料のパーツとなった。

機体のそのほかの複合材料と同様に，複合材翼は，留め具（ファスナー），接合箇所（ジョイント），重複箇所（オーバーラップ）など従来の金属構造の典型的な特徴を排除するために設計されている。このことで，軽量化を実現し，パフォーマンス上の利点をもたらすことが可能となった。複合材料のパネル，外板，縦通材，桁は「トリプルセブン誕生の地」といえるボーイング社のエバレット工場内にあるトリプルセブンの最終組み立てラインの隣に建設さ

777X型と初期のトリプルセブンとの外見上の違いは，これまで民間航空機では見かけることのなかった折りたたみ式のウイングチップ（主翼翼端）だ。（©ボーイング）

©ボーイング

れた新しい複合材翼センターで生産されている。ミズーリ州のセントルイスにあるボーイング社の製造施設では，前縁と後縁を含むそのほかの複合材料の翼構成部品が製造されている。

折りたたむメカニズム

777X型モデルの翼のもう一つの特徴は，折りたたみ式のウイングチップ（主翼翼端）だ。これは初期のトリプルセブンとの外見上の大きな違いでもあり，これまで民間航空機で見かけることのなかったデザインとなっている。ボーイング社は主翼のアスペクト比（縦横比）を最大化し，優れた揚抗比（揚力と抗力の比率）を生み出すという同社のワイドボディ機の翼設計に対する一貫したアプローチに従って，777X型を大きな翼幅でつくることを望んでいた。

ただし，大きな翼幅によって制限がもたらされることもある。国際民間航空機関の規則では，誘導路とゲートにおける適合性を維持し，空港での航空機と地上物体の間の安全な分離距離を確保するという目的で，各機体をさまざまな設計コードに分類している。翼幅が約52 mより長く約65mより短い機体はコードEに分類され，約65m以上で約80m以下の機体，つまり747-8型やA380型はコードFに分類されている。

約71.8mの翼幅をもつ777X型はコードEではなくコードFにあたり，現在生産中のトリプルセブンは約64.8mの翼幅をもっているためコードEに分類される。そのため，777X型は同じゲートを使用することができず，現在運用されている航空機や空港は同モデルに対応できるようにするためにインフラ設備を変更しなければならないことになる。

ボーイング社はどのような解決策に至ったのか。答えを導き出したの

777X型のフライトデッキには，おなじみのロックウェル・コリンズ社の多機能ディスプレイ，インターフェイス，チェックリスト，そしてデュアル・ヘッドアップディスプレイが備えられている。過去のトリプルセブンとの大きな違いは，現世代の六つの小さなスクリーンとは対照的な，五つの大型のLCD（液晶）ディスプレイがとりつけられている点だ。

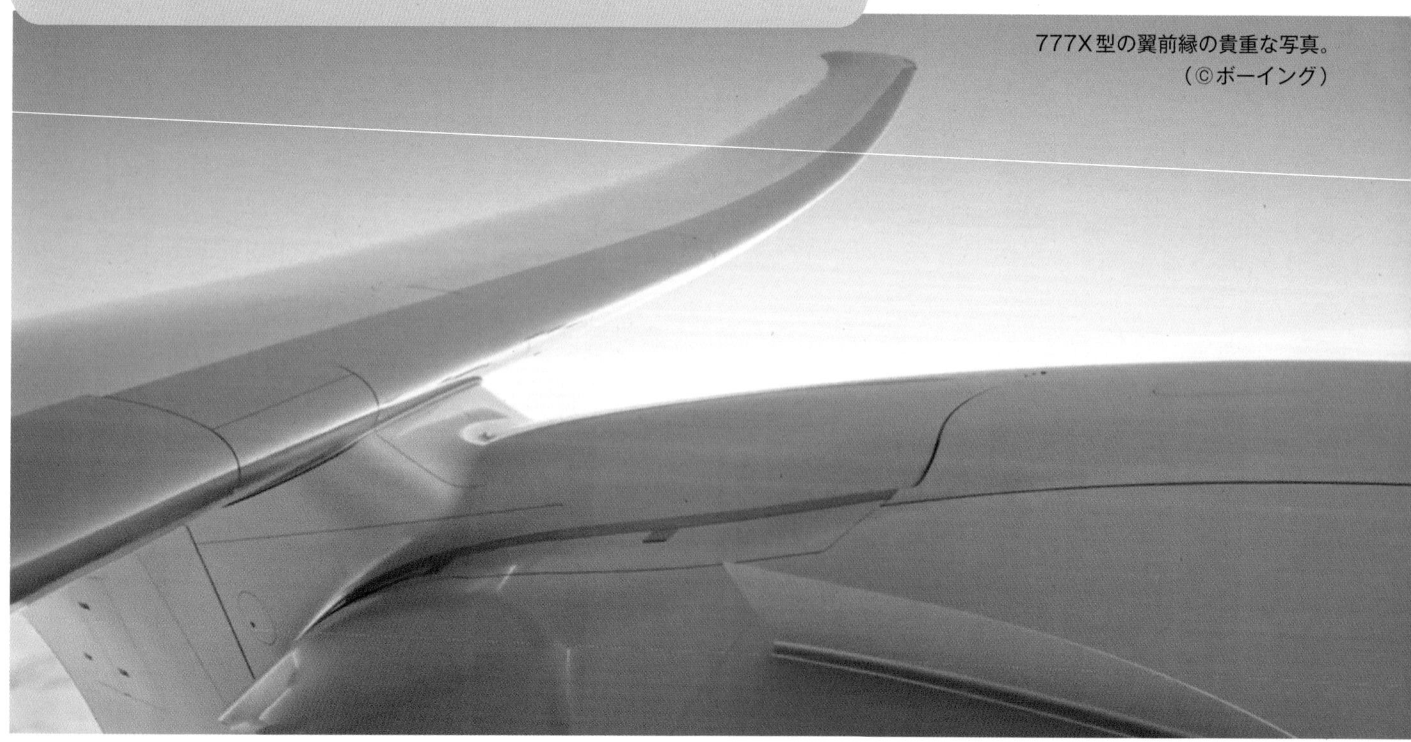

777X型の翼前縁の貴重な写真。
（©ボーイング）

左，下：一部展開されているウイングチップ。
（©ボーイング）

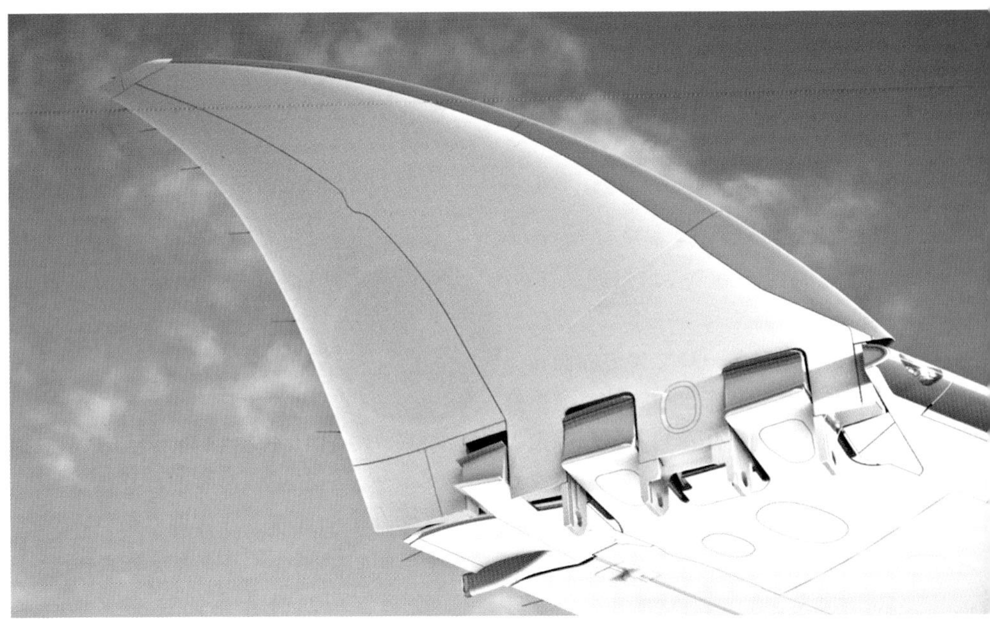

は上下に折りたたむことができる約2.13mのウイングチップ（主翼翼端）だった。地上ではこれらのアウトボードセクションが直立した状態となり，777X型の翼幅は約64.9mとなるため，現在運航中のトリプルセブンと同じく，コードEの適合条件を満たすことが可能になる。フライトデッキ（操縦室）の専用コントロールパネルを使用し，パイロットは離陸前にウイングチップを展開しフルスパンにすることができる。

ボーイング社のチーフプロジェクトエンジニアであるテリー・ビーズホールドは，次のように説明している。「最も高い空力効率を実現するために最適な翼幅はどれくらいなのか。翼の設計を考えたときに，ウイングレット（主翼翼端にとりつけられる小さな翼端板）をとりつけるアイディアももちろんありましたが，最適解はこの長い幅の翼を装備し，折りたたみ式のウイングチップを追加することで，空港での適合性を保つという方法でした。コードEの分類の範囲内に収まるようにしたかったのです」。

ビーズホールドによれば，信頼性こそが折りたたみ式のウイングチップを実行するためのカギとなったという。「折りたたみ式の翼を制御するために，非常にシンプルかつ頑丈なメカニズムを考案しました」と振り返る。ビーズホールドの言葉を借りれば，実際にこのシステムは機械的な作動によって動いている。777X型の統合型のドライブトレーン（動力伝達装置）の余剰電力は，モーターに電力を供給するために使用される。このモーターがフライトデッキのコントロールパネルからの指示に応じて，ウイングチップを上下させるための回転アクチュエーターを駆動。ウイングチップが目的の位置まで上下すると，ピンがウイングチップを固定する。サブシステムは翼のロフト部に設置され，独立式となっている。

主操縦系統の油圧作動システムを設計した実績を生かし，折りたたみ翼機構を提供しているのはドイツのリープヘル・エアロスペース社だ。折りたたむためのメカニズムは，777X型ワークパッケージの一部として，ウイングチップを製造しているボーイング社のセントルイス工場でウイングチップに組み込まれている。

複合材翼と折りたたみ式のウイングチップだけが，777X型と初期のトリプルセブンの機体の違いではない。抗力を最適化し，効率低下につながる構造の段差や隙間がない状態を保証するため，完全再設計された胴体フェアリング，新しい翼から胴体にかけたフェアリング，そして新しい尾翼も777X型には装備されている。

ビーズホールドは，GE9Xエンジンのナセルも重要な空気力学の成果として強調している。動力装置を設計するのはゼネラル・エレクトリック社だが，ナセル，逆推力装置，そして吸気口の設計はボーイング社が担当した。ビーズホールドによると，乱れのない層流を利用することでこれらの部品が最適な効率を出せるようにしたという。

ビーズホールドは，ゼネラル・エレクトリック社のような単一のエン

ペース・システム社によれば，現在生産されているトリプルセブンと比較して，25%以上高い出力となる。

パイロットにとってもなじみ深いものが多く使われている。前述した飛行制御システムと，ロックウェル・コリンズ社のアビオニクス（現在とこれまでのトリプルセブンで使用されたもの）が備えつけられており，ボーイング社は再び，同じ場所に制御スイッチを配置する選択肢も考えているようだ。実際，ビーズホールドはこう述べている。「オーバーヘッドP5パネル（コックピットの天井部分）はトリプルセブンのものと非常によく似ており，あらゆる種類の相違点に関するトレーニングを最小限に抑えています。乗組員が記憶している動きが変わらないように，乗組員が使用するインターフェイスが維持されることを確実にしたかったのです」。

これらすべての共通点は，スペアパーツの管理やパイロットの訓練など，主要な運用コストを最小限に抑えるための設計によるものだ。新しいトリプルセブンに三つの787モデルと共通の型式資格をもたせたいという意図がある。ただし，だからといって777-9型と777-8型に独自の新機能がないというわけではない。

777X型のフライトデッキには，おなじみのロックウェル・コリンズ社の多機能ディスプレイ，インターフェイス，チェックリスト，そしてデュアル・ヘッドアップディスプレイが備えられている。過去のトリプルセブンとの大きな違いは，現世代の六つの小さなスクリーンとは対照的な，五つの大型のLCD（液晶）

初期の風洞試験での777-9型の縮尺モデル。飛行中の空気力学特性を再現するために，翼が上向きの状態になっていることに注意してほしい。（©ボーイング）

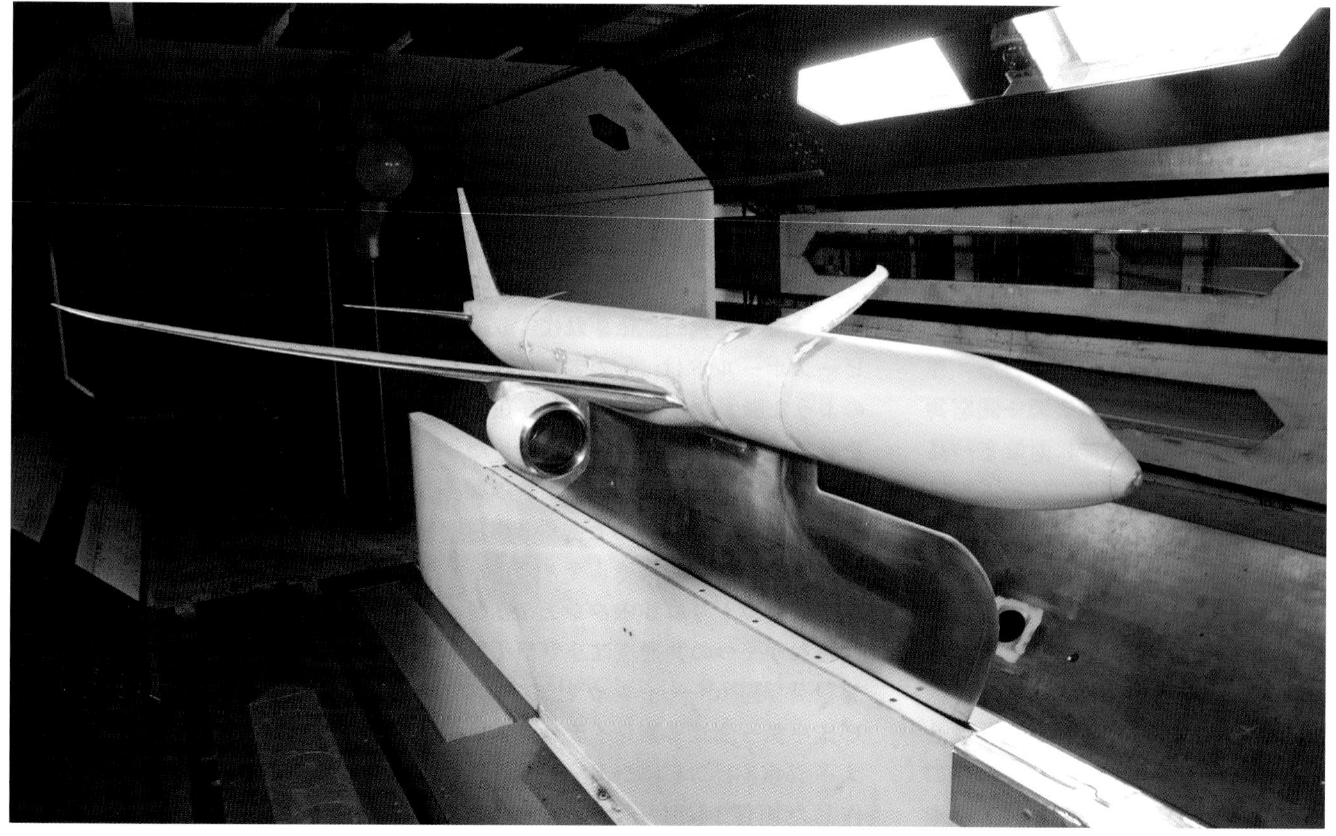

エバレット工場の最終組み立てラインで，胴体と翼の接合部の製造作業中の777-9型の飛行試験機。（©ボーイング）

ディスプレイがとりつけられている点だ。これらのディスプレイは，画面操作のために軽いタッチではなくしっかりとしたタッチを必要としており，意図しない作用を回避するように設計された抵抗型タッチスクリーンとなっている。ディスプレイには，乱気流中の操作時のための支えとなるブレーシング機能も備えられ，下部のディスプレイはマルチタッチ方式（同時に複数の箇所に接触することで複雑な操作が可能になる方式）を採用。つまり，両方のパイロットが同時にディスプレイを操作できるようになったのだ。

このデザインが発表されたとき，ロックウェル・コリンズ・コマーシャル・システムズ社の副社長兼最高執行責任者のケント・スタットラーは次のように語っている。「タッチスクリーンは現代の社会において，いつどこにいても目にするようになりました。タッチ制御によるフライトデッキという環境が整ったことにより，パイロットは情報の管理と仕事の遂行がより楽に行えるようになり，タスクを完了するためのプロセスがスピードアップします」。

航空会社の視点から考えると，このフライトデッキはボーイングが777X型で行おうとしたことを理解するためのよいケーススタディとなった。慣れ親しんだものをとり入れるだけでなく，さらに新しい要素を追加していることが伝わってくる。ビーズホールドは，このアプローチを次のように要約している。「実際には（現在の）トリプルセブンを構成する要素のうちで最高のもの，787型を構成する要素のうちで最高のもの，そしてこれらのモデルのいずれにも搭載されていないいくつかの新たなテクノロジーをハイブリッドすることによって，777X型は誕生したのです。これこそが，777X型が共通点を維持しつつも，違いを生み出していることの説明となるでしょう」。

第12章 ウイング・ファクトリー（翼の製造）

航空機用としては，これまで複合材料で製造された部品のなかで最大のサイズを誇る777X型の翼は，エバレット工場にある複合材主翼センターで製造されている。わずか4年前に開設されたばかりの同施設について，マーク・ブロードベントがレポートする。

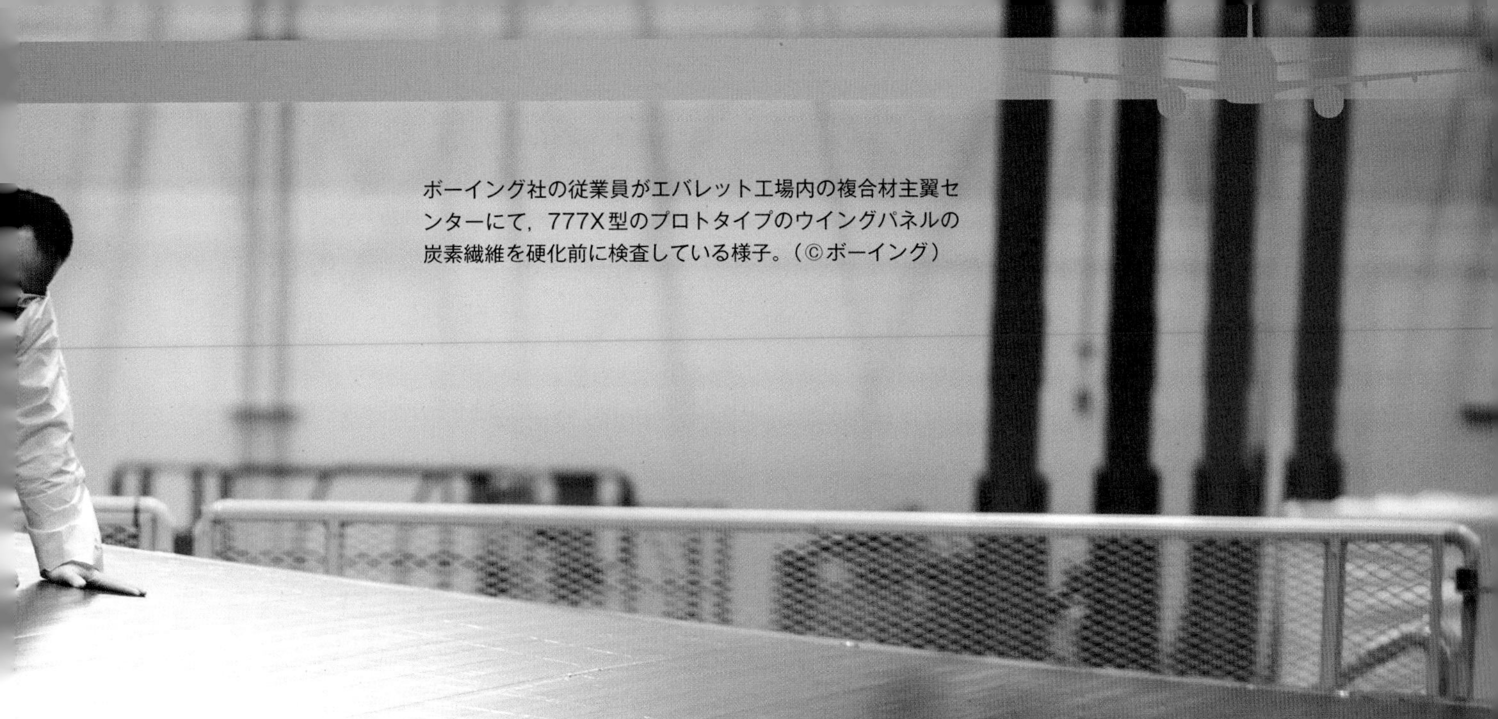

ボーイング社の従業員がエバレット工場内の複合材主翼センターにて，777X型のプロトタイプのウイングパネルの炭素繊維を硬化前に検査している様子。（©ボーイング）

約32mのボーイング777X型の桁（スパー）は，旅客機用にこれまで開発された一体成型炭素繊維強化プラスチック（CFRP）複合材料のパーツとしては最大級のものだ。ウイングパネルとともにスパーは「トリプルセブン誕生の地」であるエバレット工場内に，777X型用に特別に建設された新しい複合材主翼センター（CWC：Composite Wing Center）で製造されている。

CWCでは四つのスパー（前方，後方，右，左）と四つのパネル（上部，下部，右，左）が製造されている。ボーイング社はミズーリ州セントルイスにもう一つの工場をもち，そこでは翼の前縁（リーディングエッジ），後縁（トレーリングエッジ），リブ，そして折りたたみ式のウイングチップ（主翼翼端）が生産されている。

スパーの組み立て

さかのぼること2017年，777X型の翼の製造リーダーであるケヴィン・バーテルソンが，約111,483.6m^{2}の敷地面積を誇るCWCにて実際に行われている作業について詳しく説明してくれた。スパーとパネルの製造プロセスは，クリーンルームと呼ばれる空気清浄度が確保された部屋で開始される。この部屋には，炭素繊維プリプレグテープ（樹脂系が事前に含浸され，強化された柔らかく未硬化の炭素繊維テープ）が置かれている。次にそれぞれの部品は無人搬送車（AGV：Automated Guided Vehicles）に載せて運ばれ，オートクレーブ（内部を高温・高圧力にすることが可能な耐圧性の装置）での硬化，その後のトリミング，さらに検査のための後行程が行われる。AGVは部品，作業台，ロボットアームを運びながら工場中を動いている。

バーテルソンは最初に，スパーの製造プロセスについて解説してくれた。二つの自動積層装置により，スパーにテープを配置する（一つの装置は前桁用，もう一つは後桁用）という。自動式のガントリー（跨線式のクレーン）が機械のヘッド部分を拾い上げ，スパーの長さに沿ってそれを前後に動かし，炭素繊維を配置していく。ガントリーは機械のヘッド部分を置いたあと，すぐに新たなヘッド部分を拾い上げ，2分以内に作業に戻ることができるとのことだ。

ヘッド部分には16個のスピンドル（回転する軸）が備えられ，それぞれのスピンドルが約1.27cmのテープを敷くことで，一度に合計約

エバレット工場に隣接する複合材主翼センター（CWC）では四つのスパー（前方，後方，右，左）が製造されている。約32mと，旅客機用にこれまでに開発されたなかで最大級の複合材料のパーツとなっている。（©ボーイング）

20.32cmのテープを敷くことが可能になる。各スパーを製造するには，100層以上のテープが必要となる。

バーテルソンはこう話す。「我々はさまざまな方向にテープを敷きます。スパーの長さ方向に対して0°，90°，そしてプラス45°とマイナス45°の方向で置く。これによってすべての方向における強度特性が得られるのです」。

自動積層装置はアメリカのエレクトロインパクト社によって提供されたものだ。バーテルソンが説明する。「これらはエレクトロインパクト社の誇る最新世代のマシンです。次の飛行機のプログラムには，また新たな世代のマシンが使用されるでしょう。しかし現時点では今のモデルが，ほかのモデルでは不可能なことまで可能にする最速のマシンとなっています。我々はかなり複雑な輪郭の形状周りに約1.27cmのテープを配置するという，これまで誰も行ったことのない作業を実現したのです」。

オートクレーブ

AGVが建物内の通路を通って，スパーにとりつけられたツールをオートクレーブに輸送する前に，グラスファイバー（ガラス繊維）の層がスパーに追加される。AGVがスパーをオートクレーブに積み込めるように，傾斜台は低く設定されている。

AGVが引き抜かれると，傾斜台はもち上がり，オートクレーブのドアが閉まって施錠され，硬化サイクルが開始される。

バーテルソンが補足する。「ほとんどの硬化作業は約350℃で行われます。どの部品の硬化をするかにもよりますが，およそ4～10時間で終えることができます。その間，部品は常に加圧状態に置かれるのです。圧力をかけるときには部品の周りに真空バッグを置き，圧力をかけて押し下げます。そしてすべての空気を抜いて，しっかりとした積層部品となるようにするのです」。

加圧と窒素ガス供給という要件を満たし，なおかつ騒音を最小化する

「我々はさまざまな方向にテープを敷きます。スパーの長さ方向に対して0°，90°，そしてプラス45°とマイナス45°の方向で置く。これによってすべての方向における強度特性が得られるのです」。（ケヴィン・バーテルソン／777X型の翼の製造リーダー）

というニーズを具現化したのが，このオートクレーブだ。バーテルソンの言葉を借りればまさに「建物のなかにある建物」だという。CWC内には三台のオートクレーブがあり，それぞれの直径は約8.53m，長さは約36.6mと，737型のクラシックモデルの胴体をそのまま収納することが可能なサイズとなっている。

硬化後はオートクレーブのドアが開く。そして，傾斜台が下げられたところにAGVが入り込み，スパーをピックアップしたのちに，通路へと出てくる。真空バッグはとり外され，部品が成形型から外される。天井のクレーンがスパーを非破壊検査（NDI：Non Destructive Inspection）へと運び，そこではロボットが部品に水を噴霧し，電気信号を送信して，傷や亀裂がない積層部品ができ上がっているかどうかを確認する流れとなる。

その後クレーンがスパーをルーターマシンへと運び，トリミングとドリルの作業へと入る。洗浄作業，そしてトリミングとドリルの工程において層間剥離がなかったかどうかを検査する二度目のNDIテストが行われたうえで，スパーはいよいよ塗装作業に入る。

パネルの製造

CWCで製造されている四つのウイングパネルには，それぞれに外板（スキン）と縦通材（ストリンガー）という，二つの基礎となる部品がとりつけられている。スパーと同様，これらの部品はクリーンルームに準備される。使用されるCFRP素材はスパーとは離れた場所に，別の方法で配置される。

約3.81cmのテープを100層以上配置するガントリーによって制御される自動積層装置を使用し，スキンが製造される。バーテルソンはスキンについて「見た目は硬そうに見えますが，実際には柔らかいのです。角をつまんだだけで，全体が波打つほどです」と表現する。

スパーを積層部品にするためには，スピンドルを備えた機械が使われている。それとは異なり，スキン用のテープを配置するために使用される機械はリール（巻きとる機械）を備えている。バーテルソンによると，ボーイング社はある発見をしたという。リールのシステムがウイングパネル製造にとってよい働きをする。つまり，緩やかに変化する輪郭を再現するのに適しているのに対し，スピンドルはスパーのU字型の変化の大きい輪郭を具現化するのに適しているということだ。

ストリンガーはパネルの長さ方向の剛性をもたらし，L字型部品，二つのL型チャージ（電荷），そしてヌードルと呼ばれる部品と組み合わせてつくられている。ヌードルはこれら三つの異なる部品が組み合わされたときに生成される三角形の溝を埋めるためのものだ。基本となるチャージは，この装置の上部に平らに配置され，硬化のためにオートクレーブに送られる。777X型の翼には，四つのパネル（それぞれ23個，23個，10個，10個）に分割された合計66個のストリンガーがあり，各ストリンガーの長さは約2.74mとなっている。

これまで使用してきた「チャージ」という言葉は，ナノ粒子を使用して強度を高めるための複合材料への通電のことを指す。これは，反対の電荷を保持する二つの部品を結合するプロセスのことである。

ストリンガーは形成後，そのまま

硬化後，777X型のスパーはトリミングと穴開けの前に非破壊検査を受ける。ここでボーイングの従業員が777X型の静的試験用飛行機のスパーを検査する。（©ボーイング）

オートクレーブに送られる。頭上式機械装置（OHME：Overhead Machine Equipment）と呼ばれる二つの引き上げ装置が，ストリンガーの移動，引き上げ，回転を担う。一つの部品が66個のストリンガー構成のうちの10個に使用され，もう一つは残りの56個用に使用される。

バーテルソンは次のように説明する。「天井のクレーンが降りてきて（OHMEを）引き上げて，ストリンガーを製造する場所へと引き継ぎます。そして今度はOHMEが降りてきて，空気圧でストリンガーを送ります。そのため（ストリンガーを）別の場所に置くための回転機能が備えられているのです。これは，ストリンガーの両側で作業ができるように回転させるための方法であり，このシステムでもち上げと回転という両方の動作が可能となるため，ストリンガー自体がねじれることはありません」。

硬化後，ストリンガーはトリミングされ，まだ硬化していないスキンにとりつけられる前にNDIチェックが行われる。その後，柔らかい未硬化のスキンと，硬く焼き上げられたストリンガーがとりつけられたウイングパネルの組み立て品がオートクレーブに送られ，そこで硬化したストリンガーが未硬化のスキンに接着し，完成形のパネルとなる。この一連のプロセスは，co-bond法と呼ばれている。

硬化を終えると，成形型からとり外される。クレーンがパネルをもち上げ，NDIテストのため垂直になるようにパネルを回転させる。そして洗浄され，塗装され，ブラケットとクリップがとりつけられる前に，再びトリミングされ，検査され，ドリルで穴が開けられる。

組み立て

CWC内でのパネル製造の一連の作業が終わると，パネルはエバレット工場を通り越し，メインとなるトリプルセブンの最終組立棟へと直接送られる。ただし，スパーが組み立てられる場合は，補足の組み立て作業のために別の施設であるビルディング4002へと輸送される。

運ばれたスパーには穴が開けられ，ファスナー（留め具），補強材，そしてリブポスト（リブを桁とつなげるための部品）がとりつけられ

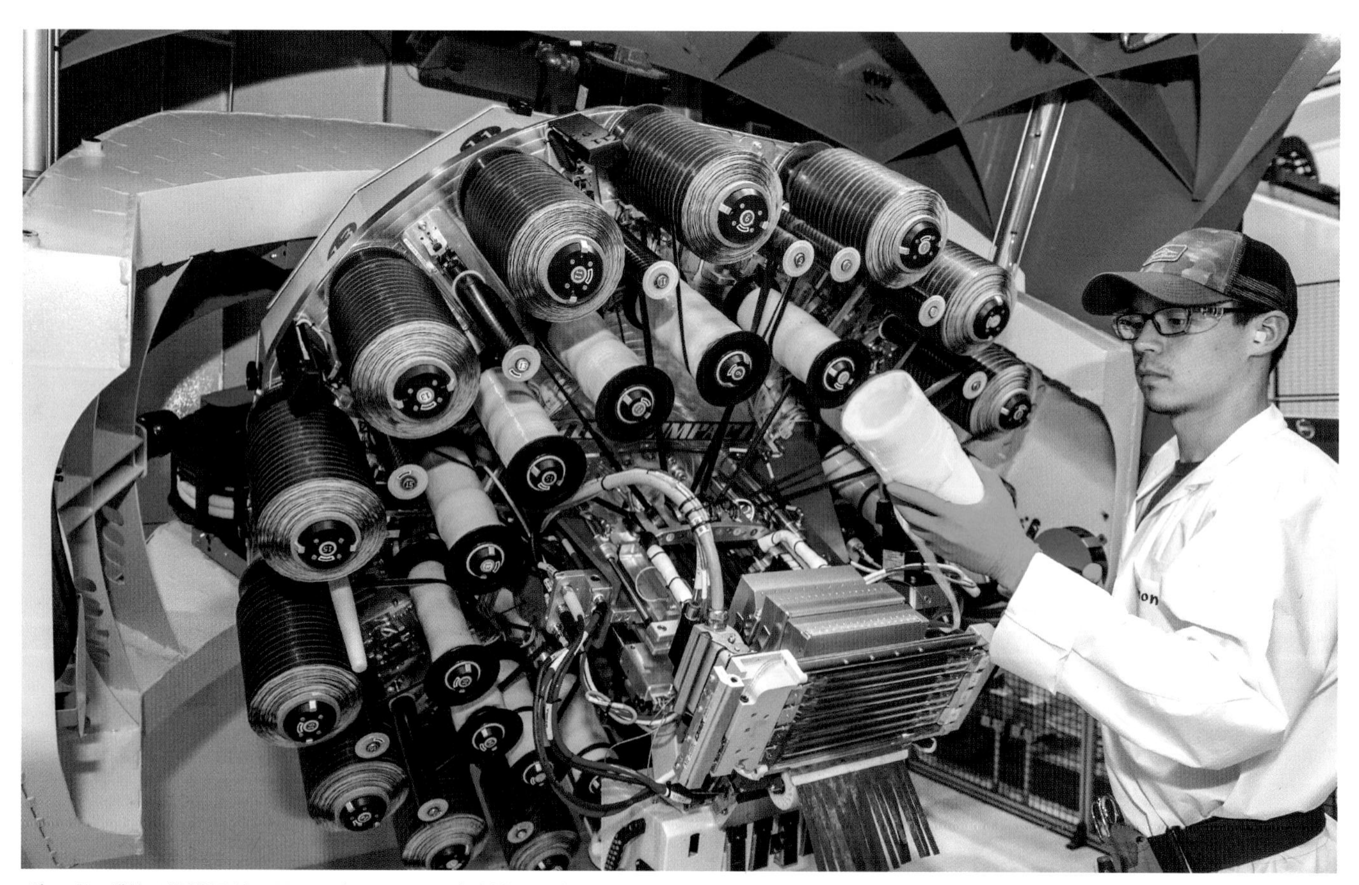

ボーイング社の従業員が，777X型のスパーに炭素繊維を積層するために使用される自動積層装置から炭素繊維材料の空のスプール（巻き枠）をとり外しているところ。（©ボーイング）

る。作業の大部分はスペインのMトーレス社が提供する機械を使用して自動化されているが，ピニオン（歯車）のとりつけなど，より複雑な補足的な組み立て作業は手動で行われる。

これらの作業が終わると，スパーがようやくメインとなる最終組み立て棟に運ばれ，CWCでつくられたパネルと，セントルイス工場から到着する前縁と後縁，リブ，そして折りたたみ式のウイングチップ（主翼翼端）が結合される。そして，翼の組み立てが始まるのだ。

バーテルソンによると，777X型において翼の組み立て工程に変化があったという。「従来は二つのスパーを使い，そこにリブをとりつけて，珍しい見た目のはしごのようなものをつくっていました。リブは階段のように見えますよね。通常はこれを垂直に立てて行うのです」。

一方，777X型ではスパーとリブが水平方向の製造ライン上で結合される。スパーとリブの組み立て品への穴開け，固定，シーリング作業を経て，上部パネルと下部パネルがとりつけられ，その後は再び穴開け，固定，およびシーリングが行われる。翼と胴体が結合する前には，リーディングエッジ（前縁）とトレーリングエッジ（後縁）パネルのとりつけ，そしてタンクのとりつけ作業がある。折りたたみ式のウイングチップは，さらにあとになってからとりつけられる。

自動化

積層部品をつくるためのラミネート機，AGV，そしてOHMEなどを使用することで，CWC内では大幅な自動化が進んでいるという。バーテルソンは，この点が効率向上と人間工学の両面において非常に役立っているという。「たとえばこのタイプの素材を，手を使って積層する場合にはカーボンクロスを使用して製品へと成形する必要があります。でも，スパーには100以上のテープの層が必要なのです。100層以上のカーボンクロスを切り出す状況を想像できますか？　ここで我々がしていることは，機械が得意とする作業は機械に任せ，人の手によってつくったほうがよいものは従業員にやってもらうということなのです」。

自動化によって安全性が保たれることもある。バーテルソンは自動積層装置を例に挙げ，この機械が工場のフロアにいる人の頭上を通り越さないと明かす。自動積層装置がヘッド部分を下げたり，何かを拾い上げたりする作業をしている場合，二つのゆりかご状の架台があるエリアを通るようになっているという。バーテルソンが詳説する。「スロットのうちの一つにヘッド部分を落とすと，マシンは別のヘッド部分を拾いに行ったり，置きに行ったりすることができます。次に，ロボットはそのインタラクティブエリアからヘッド部分を拾い上げて停止し，完全にシャットダウンする。ほんのわずかな機能に過ぎませんが，我々は非常に満足しているのです。人々の安全を守る必要がありますからね」。

準備作業

バーテルソンによると，2016年のCWCでは，建物の建設作業の完了と機器の設置に焦点が当てられていた。次の12カ月は，より広い視点で777型プログラムの成熟度を高めるために，テスト用部品をつくることに充てられた。

テスト用のスパー，スキン，そしてストリンガーが製造され，その後それらの部品は切断されたうえで検証のための評価が行われた。その結果，CWCで製造されている部品が期待どおりの特性となっていることが確認された。実際に，当時『エア・インターナショナル』誌のために行われたインタビューでは，最大100個のストリンガーが作成され，切断され，分析と評価がなされたことが明らかになっている。

部品の複数のテストサンプルを製造する作業は，製造手順とプロセスの検証をするうえでも役に立った。バーテルソンは「（一部が）完璧であっても，複数回作業が実行できることが証明されるまで，生産に値するものではないということです」と話す。

CWCではすべてが項目ごとに設計されているため，成熟度を確立することがさらに重要となる。バーテルソンはその理由についてこう説明する。「一連のプロセスは我々にとっても新しく，とても独特なものでした。CWCにあるすべての工具や機器は，特定の部品をつくるために専門に設計されたものです。世界を見わたしても，同じものを見つけてくることはできません。それくらいすべてが独特なものです」。

ひととおりテストサンプルの成熟度が確認されると，CWCは2017年半ばに最初の生産部品の作業開始に至った。静的試験を行う機体用の最初のスパーとストリンガーが結合された完成形のパネルが夏に製造され，最初の飛行試験機の部品は2017年9月に製造プロセスへと入った。

777X型のビジネスクラスはスタッガードシート（互い違いの配置とすることで全席が通路に面する）配列が採用されている。（©ボーイング）

左上：777X型の客室の天井部に映し出された珍しい照明ディスプレイ。（©ボーイング）
左：777X型のスタイリッシュなギャレー（厨房）エリアには，航空機の照明システムによって客室の天井に夜空が映し出されている。（©ボーイング）
右：より大きな窓を設置することによって，777X型の客室にはさらに自然光がとりいれられるようになっている。（©ボーイング）

第13章
客室

マーク・ブロードベントが，ボーイング777X型に搭乗する乗客を待ち受ける客室体験について解説する。

777-9型と777-8型に搭乗した乗客はすぐに，初期のトリプルセブンとの客室の違いに驚くことだろう。しかし，この話題においてもドリームライナーはやはりその影響を残している。

レイアウトについて，777X型の副社長兼チーフプロジェクトエンジニアであるテリー・ビーズホールドはこう説明する。「我々が787型の開発に着手したとき，客室体験，そして空を飛ぶ行為そのものに喜びをいかにとり戻すか，ということに主な焦点が当てられました。787型で導入されたすべてのもの，たとえば低い客室高度，大きな窓，空気清浄システム，そして乗り心地は，はるかに優れた体験を提供するために連携して機能しています」。

その結果，777X型には大きな窓が設置され，より自然な光が客室内に入るようになった（ビーズホールドいわく「ウインドウベルトを上へとずらして，窓側の座席でも通路側の座席でも，乗客全員にとってよりよい眺めとなるように設計しました」とのこと）。そしてLED照明によって空間はより明るく照らされ，客室内の雰囲気も明るく演出されている。

ビーズホールドによれば，客室高度も787型と近いレベルに設計されているという。ボーイング社は777X型の客室高度を公表していないものの，787型ドリームライナーの高度は約1.82kmとなっている。

ボーイング社は787型の低い客室高度が，より高いレベルの加圧によって実現したものだと説明。これは胴体の複合材がより優れた耐疲労性を提供できたため，と強調している。

一方で，これまで述べてきたとおり，777X型の胴体は複合材によってつくられてはいない。それではいったいどのようにして，787型のような客室高度を保っているのだろうか？　ビーズホールドは777X型の胴体がアルミニウム製であることが，カギを握っていると話す。「我々は設計上の余裕を理解しており，機体に若干の変更を加えることで，より低い客室高度を導入することができました。さらには，客室の湿度レベルも上げることができたのです」。

777X型のファーストクラスのシート配列。（©ボーイング）

GE9Xエンジンのファンの直径は約3.4m。ジェットエンジン用にこれまで開発された
ファンのなかで，最大サイズとなる。（©GEアビエーション）

第14章
世界最大の
ターボファン・エンジン

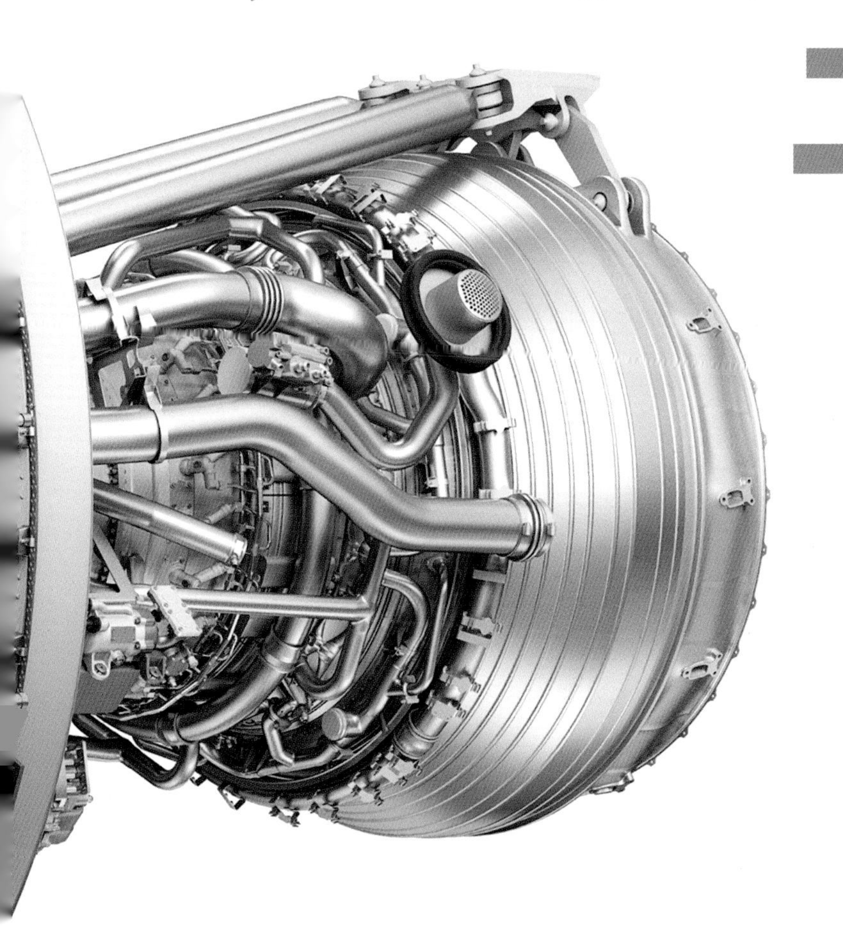

ボーイング777Xファミリー（系統機）の原動力であるGE9Xエンジンの技術面について，クリス・ケルガードが深堀りする。

ボーイング777-9型が最初に顧客のもとに届けられるのは，現時点では2021年になると予想されている。それが実現すれば，同機に搭載されているGEアビエーション社製の大きなターボファン・エンジンが，これまで運用されたエンジンのなかで過去最大のターボファン動力装置としてデビューを果たすことになる。

定格推力100,000ポンド（約45.4t）クラスのエンジンとして，GE9Xエンジンは設計上では，GE90-115BやGE90-110B1エンジン（それぞれ現在就航中の777-300ER型，そして777-200LR型または777F型に動力を供給するもので，世界で最も強力なターボファン・エンジンとされる）ほどの最大離陸推力を提供できない。一方でGE9Xエンジンのファンの直径は，GE90-115B，GE90-110B1エンジンより約15.2cm大きい。GE9Xエンジンは，これまでジェットエンジン用に開発されたなかで最大となる直径約3.4mのファンに加え，二つの巨大なGE90の約3.93m幅というファンケースよりも，さらに大きな直径に相当するファンケースを備えている。GE90という姉妹モデルと同様に，GE9Xエンジンはボーイング737ファミリー（系統機）の胴体の直径よりもさらに大きな直径を誇ることになる。

GE9Xエンジンのプログラムマネージャーを務めるテッド・イングリングによると，GE9XエンジンがGE90-115Bエンジンで認証された約52.4t，そしてGE90-110B1エンジンで認証された約50.2tの最大離陸推力を確保しない理由は，その必要がないからだという。イングリングは次のように説明する。「これこそがボーイングの〈777X型のデザイン〉と，主に翼のデザインが現在のような形となった理由なのです。

GE9Xエンジンの16個の巨大なファンブレードが回転していることを示すコンピューターで作成された画像。(©GEアビエーション)

ボーイング777-9型が最初に顧客のもとに届けられるのは，現時点では2021年になると予想されている。それが実現すれば，同機に搭載されているGEアビエーション社製の大きなターボファン・エンジンが，これまで運用されたエンジンのなかで過去最大のターボファンの動力装置としてデビューを果たすことになる。

777X型のデザイン，主にその翼は，より大きな9Xエンジンの機体を飛行するために必要なエンジンの定格推力が，115Bエンジン搭載の777-300ER型ほど大きな数値でなくてもよいように，航空機の揚抗比を高める素晴らしい仕事をしてくれました」。

ただし，GE9XエンジンはGE90-115Bエンジンよりさらに大きなファンと大きな直径のファンケースを備えているため，乾燥重量が約8.76tだった以前のエンジンよりも少し重くなっている(約9.07t)。だからといって，GE9Xエンジンの燃料効率がそれほどよくないということを意味するわけではない。実際，GEアビエーション社の777X型エンジンの主要な設計基準では，前任の777-300ER型動力装置よりも10%ほど燃費がよく，現在就航中，もしくはこれから就航する予定のワイドボディ機に搭載されたどのエンジンよりも5%低い燃料消費率(SFC：Specific Fuel Consumption)を提供することをめざしていたという。

GE9Xファンモジュール

GEアビエーション社は多種多様な新技術の使用によって，さまざまな目標を達成する意向だ。なかには，コンピューターを用いた最新世代の空気力学モデリングによる空気の流れ設計の適用性の向上も含まれている。それだけでなく，GE9Xエンジンに関してはこれに加え，炭素繊維複合材料を使用して3次元エアフォイル(翼形状)を開発したGEアビエーション社の豊富な経験を生かし，わずか16枚のファンブレードを使用するだけで，エンジンの巨大なファンを構成できるようにもなった。GE9Xエンジンにとって，設計における「直属の先輩」であり，ボーイング787型，そして747-8型に動力を供給するGE90-115Bエンジンではその数が22枚，GEnxエンジンでは18枚だったことを知れば，その技術力の進歩がよくわかる。

イングリングが話す。「翼の高い剛性，そしてその空力形状によって効率が向上し，高速で風を流すことで，結果として翼の数を減らすことができました。翼の数は回転部品にとって，非常に重要な意味をもっています。ファンブレードはファンの直径を大きくすることによって，空気の流れを増やすことができます。また，バイパス比はSFCと騒音の面において大きな役割を果たしますが，一方で（ファンから排出される空気の）流路の内半径をさらに内側に引き込むこともできます。なぜならこれらのブレードにつながれているディスクでは（ブレードを装着する）スロットとブレードの数が少ないため，ブレードの接合部を囲む半径をより内側にもってくることができる可能性があるからです。そのため，流路を大きくするのではなく，翼の数を減らすことで，少しだけ空間的な余裕を得ることができます。もちろん，数が減ったことにより翼は軽量化され，保守や整備もより簡単になるのです」。GE9Xエンジンのファンは16もの巨大なブレードによって，最大離陸推力で毎秒約1.75tの空気をとり込んで機体を推進させることが可能となる。

インググリングによれば，高度な3D曲面で構成されたGE9Xエンジンの16個のファンブレードは「もともとのGE90エンジンである-115，そしてGEnxで使用しているものと同じ（炭素繊維）積層技術を用いて」つくられているという。さらにもう一つの重要なイノベーションとしてGEアビエーション社が導入したのは，GE90エンジンおよびGEnxエンジンのファンブレードのようにチタンでライニング（表面処理）をするのではなく，GE9Xエンジンでは各ファンブレードのリーディングエッジ（前縁）をスチールでライニングすることだった。インググリングは言う。「スチールはチタンよりも強度が高いため，ブレードエアフォイル（翼）の特徴の一つである薄いリーディングエッジを生み出すことができました。このリーディングエッジが完成したことで，さらに性能を上げることができたの

組み立ての初期段階にある，最初のGE9Xエンジンユニット。（©GEアビエーション）

GE9Xエンジンの3段のチタン製ブースター（ファン後方に配置されるファンと同軸の圧縮機翼列段）は，従来の設計と同様のものとなっている。GE90エンジン，GEnxエンジンと同じく，ゼネラル・エレクトリック社はエンジンのブースターと高圧コンプレッサー（HPC：High Pressure Compressor）モジュールの間に，二つの機能を兼ねる可変性のブリード（抽出空気）バルブ（VBV：Variable Breed Valve）をとりつけた。

です。このことが空力効率における高い効率性の実現と，翼の数の削減につながりました」。

一方で，GE9Xファンモジュール以外の一部の箇所において，GEアビエーション社は，金属材料を炭素繊維複合材料によってつくられたポリマーマトリックス複合材料（PMC：Polymer Matrix Composite）に置き換えた。さらに，GE9Xブレードのプラットフォーム（ファンブレードの間に設置されるスペーサー），そして全体のファンケースに，PMC材料を用いただけでなく，ゼネラル・エレクトリック社は初めてPMC材料を使用して，ファンモジュールの構造用アウトレットガイドベーン（出口案内羽根，OGV：Outlet Guide Vane）を製造した。

ファンモジュールでは，OGVが外側のファンケースの後部リングを構造要素として，内側のファンハブに接続している。OGVの役割はそれだけではない。空気が送風ダクトに入り，その後低圧コンプレッサーブースターに入る前に，ブレードによってファンの後方に推進される乱流の乱れを抑制するように設計されている。GE9Xエンジンは，非常に静かに作動するように9：1のバイパス比となるように設計されているため，空気流の10％が軸方向のエンジンのコアに向かって流れていく。

イングリングが説明する。「これら二つの機能を複合材料構造で組み合わせたのはこれが初めてでした。複合材料のOGVはこれまでにも扱ったことがありましたが，歴史的にはその荷重を支えるために，OGVの間に（金属）支柱構造やOGV構造を配置していましたから。777X型は，支柱構造やOGV構造の両方の役割を担うPMCの有益性を高めた最初の機体です」。

ブースターとHPC

GE9Xエンジンの3段のチタン製ブースター（ファン後方に配置されるファンと同軸の圧縮機翼列段）は，従来の設計と同様のものだ。GE90エンジン，GEnxエンジンと同じく，ゼネラル・エレクトリック社はエンジンのブースターと高圧コンプレッサー（HPC：High Pressure Compressor）モジュールの間に，二つの機能を兼ねる可変性のブリード（抽出空気）バルブ（VBV：Variable Breed Valve）をとりつけた。従来のエンジンでは，VBVは気流の中心に向かって内側に開き，そこからバイパスダクトへ空気を抜いていた。この方法によってHPCから気流の負荷をとりはらい，必要に応じてエンジンの回転数を非常にすばやく上げて，コアとなる気流の中心からほこり，砂，そしてそのほかの破片や粒子をとり除くのだ。

イングリングが解説する。「このエンジンは，エンジンからほこりや破片を抽出するジオメトリ（幾何学）を使用している点で非常によく似た哲学をもっており，（VBV）ドアが開いているとき（通常は地上にいるときか，地面にかなり近づいているとき）に機能するのです。そして遠心分離されうる粒子をとり除くうえで，非常に効果的であることが証明されています。その粒子とは，コンプレッサーの翼を侵食する可能性のある粒子で，ひとたび入り込んでしまえば修理不能になってしまうため，それらがエンジンに決して入ることのないようにすることが実に重要です。（もしコンプレッサーの）翼を侵食してしまった場合は，分解して修理するしかありません」。

GE9Xエンジンのブースターは従

2017年5月，オハイオ州ピーブルズのGEアビエーション社の施設で試験中のGE9Xの２番目のエンジン。（©GEアビエーション）

来どおりの設計と製造方法でつくられている一方，11段のHPCはこれまでゼネラル・エレクトリック社が民間航空機用に設計したエンジンのなかで最も先進的なものといえる。HPCの最初の5段の回転部はそれぞれ一体型のブリスク（ブレードとディスクを一体化した部品）でつくられており，部品数を大幅に削減してくれる。後続の6段のHPCはすべて，数百にも及ぶ個別のブレードによってつくられており，正面から後方に向けてHPCを通過する間に，高度化されたブレードの翼型がコアとなる気流を燃焼器に入る前に27倍に圧縮する。そして一番後方にある段のHPCのブレードの高さは，わずか約2.54cmとなっている。

この27：1という圧縮比により，GE9Xの全体的な圧力比（OPR：Overall Pressure Ratio，燃焼器に入る空気の圧力とファンの入口に入る空気の圧力の比）は60：1となる。これはゼネラル・エレクトリック社がこれまでに達成したOPRのなかでの最高値のものだ。それだけにとどまらず，民間航空機用のエンジンとしては，現在就航中，もしくは就航間近の航空機に搭載されたもののなかでも，最高の数値を誇る。ちなみに，GE90-115BエンジンのOPRは約40：1で，GEnxのOPRは約50：1となっている。

空気は圧縮されると熱くなる。そのため，HPCの最後の段を流れる空気はかなりの高温となる。ゼネラル・エレクトリック社は，イングリングいわく「タービンでは何年も使用している」粉末金属ニッケル超合金を使って，GE9Xエンジンの最後方の段のHPCをつくり上げた。

GE9Xエンジンの燃焼器に入る空気が高温であるため，エンジンの第3世代である希薄予混合燃焼器（TAPS：Twin Annular Pre-Swirled mixing）は，イングリングによれば「GEnxエンジンよりも少し高温で作動している」という。

積層造形部品

エンジンの燃焼器にある28個の燃料ノズル（比較対象として，CFM LEAP-1Aエンジンには19個の燃料ノズルがある）はそれぞれ積層造形法でつくられている。そのため，ゼネラル・エレクトリック社は従来，別々に製造されていた燃料ノズルの約28個の部品を一つにまとめることができるようになった。この点について，イングリングは積層造形を次のように表す。「素晴らしいラピッドプロトタイピングツールであり，部品のシンプリフィケーション（簡素化）と重量の低減，効率の向上を実現し，エンジンを簡易化してパフォーマンスを向上させるためのメカニズムなのです」。

一方で，非常に大きなエンジンであるGE9Xは，積層造形によってつくられた部品を使用するのに決して理想的な対象とはいえないが，イングリングによれば，すぐに利用できる積層造形機（3Dプリンター）のほとんどは小さいサイズであり，製造する部品も小さいため，大きなターボファンはほかの積層造形によってつくられた部品を利用しているという。たとえば燃料ノズルや熱交換器，スワラ（旋回器）やパーティクル・セパレーター（粒子分離装置），そしてT25センサー（ブースターとHPCモジュールの間の中間段に設置されるエンジン温度センサー）はすべて積層造形で製作されている。同じくGE9Xエンジンの6段の最後方にある不特定多数の段に使われるチタンアルミナイド（TiAl）ブレード，そして全チタンアルミナイド低圧タービン（LPT：Low Pressure Turbine）モジュールも積層造形されたものとなっている。

イングリングは，GE9XのTAPS

GE9Xエンジンの五つの部品は，GEnxデモンストレーターエンジンを使用して披露されたセラミックマトリックス複合材料（二つのノズル，二つのライナー，シュラウド）から製造されている。（©GEアビエーション）

III燃焼器について「非常に均質で高度に混合可能な空気／燃料混合システムによってリーンバーン（希薄燃焼）を実現し，ホットストリーク（高温の縞）をとり除くことが可能です」と話す。高温で燃焼し，高圧タービン（HPT）の1段目のノズルに到達するまでに排気ガスを均一な温度に均質化するため，リッチ燃焼の沈下・点火サイクルによって動いている燃焼器とは異なるのだという。しかし，イングリングは次のように続けている。「ここではたくさんのスワール（旋回流）が発生し，燃料を非常に細かく混ぜ合わせてくれます。（空気と燃料の混合気が）燃焼すると，通路の上部，そしてカップの間という両方の箇所において，さらに燃料ノズルから次の燃料ノズルにかけて，はるかに均一な温度分布となるのです。HPTノズルは燃料ノズルの後ろに配置され，均一な（温度）分布をもつため，これらのノズルのデザインはより耐久性があり，予測可能なものとなるわけです」。

CMCと空気冷却

GE9Xエンジンにとって特に重要な技術的進歩がある。CFMインターナショナルLEAPエンジンの1段目のHPTノズルシュラウドの製造において，セラミックマトリックス複合材料（CMC）を先駆的に使用して製造している，という点だ（GEアビエーション社は，CFMインターナショナル社という合弁会社に50％出資している）。より大きなエンジンには五つのカテゴリのCMCパーツがあり，つまり，これまでの民間航空機用エンジンのなかでCMCが最も幅広く使用されていることがわかる。

イングリングは「GE9Xエンジンは二つのノズル，二つのライナー，そしてシュラウドというほかの静的な（動かない）部品への使用の可能性を広げています」と話す。

燃焼器の内側と外側のライニングはCMC材料によってつくられており，エンジンの第1段と第2段のHPTノズルと，その第1段のHPTシュラウドにも同様にCMC材料が使われている。イングリングが説明を続ける。「LEAPプログラムでは三つの事柄がまとめられました。エンジンにとって意味のある価値提案があること，大量生産が可能であること，そしてその能力と技術を検証すること。これら三つの要素によって，LEAPプログラムを導入するための適切な環境がつくられました。実際の検証結果にGE9Xエンジンが重なりあっていくことで，静的構造を維持しながら，次のレベルに引き上げていく作業を行いました。GE9Xエンジンのタイムフレームでは，設計，製造，生産の能力の集約と価値提案が，五つの部分に分けて行われました」。

GE9Xエンジンには，バイパスやコンプレッサーの空気を迂回させる最新のターボファン・エンジンで使用されている技術を採用し，HPTとLPTのケーシングの温度を管理している。この技術によって，金属ケーシングを縮小または拡大して，ケーシングライニングと，それらのなかで回転するブレードの翼の先端との距離を最小化するための，アクティブ・クリアランス・コントロールを提供することが可能となる。ブレードの先端から発生して広がる乱流による気流の損失が最小限に抑えられるうえ，ブレードの空力効率が最大化され，エンジンの全体的な効率が向上する仕組みだ。

一方で，GE9Xエンジンは二つの新しいブレード冷却テクノロジーを採用している。一つはCFM LEAPエンジンで最初に導入されたもの

で，もう一つはGE9Xエンジンに搭載された新しいものだ。LEAPエンジンと同様，ゼネラル・エレクトリック社はGE9Xエンジンの全デジタル電子式エンジン制御装置（FADEC：Full Authority Digital Engine Control）用ソフトウェアを設計した。これによってコンピューターは飛行のさまざまな段階において，最初の段のHPTのインデューサー装置や，ブレード冷却空気回路に送られるHPC抽気の量を変えることを可能とした。

巡航時，エンジンのアイドリング時，そしておそらく航空機がタキシングしているときなど，低推力や低温における運転段階では，離陸や進入などの高推力，高温での運転段階と比べ，HPTの1段目ブレード（粉末ニッケル超合金製）は，はるかに少ない冷却しか必要としない。この調整によりエンジンは飛行中のいつでも，必要な量のHPTの冷却空気のみを排出し，コアとなる気流の量を増やし，エンジンの全体的なパフォーマンスを向上させることができる。

GE9Xエンジンの2番目となる新しいブレード冷却技術は，民間航空機用のエンジンに初めて導入された。これは，ゼネラル・エレクトリック社がオハイオ州の鋳造，鍛造工場で工業化に成功したもの。新しいHPTブレード製造技術によって実現した。イングリングは次のように述べる。「（この技術により）熱伝達チームと機械設計チームに柔軟性がもたらされ，従来の方法では製造できなかった冷却回路を作成できるようになったのです。これは，翼の内側をより効率的に冷却して，一つの犠牲も出すことなく翼の性能を引き出しながら，より均一で耐久性のあるブレードを実現する方法です。この製造プロセスによってもたらされた柔軟性があったからこそ，ブレードの設計者はより自由が与えられるようになりました。たとえば積層（造形）により，設計者は同じ考え方のもと，より自由に軽量構造を考案できるようになりました」。

左内側のパイロンにとりつけられたGE9Xエンジンを搭載した，GEアビエーション社のボーイング747型飛行試験機。GE9Xエンジンでは，パイロンがエンジンを翼の前縁の前に7°上向きに傾けた状態で，一端のみが固定されている。（©GEアビエーション）

第15章
777X型の道のり

777X型がこれまでたどってきた大きな節目について，マーク・アイトンとマーク・ブロードベントがまとめる。

シンガポール航空による買いつけ

2017年10月23日，ホワイトハウスで式典が行われた。シンガポール航空が777-9型を20機，そして787-10型を19機正式に発注し，ボーイング社と数十億ドル（十億ドルは約1,085億8,942万円）の取引を行ったことを発表するためのものだ。イベントには，アメリカのドナルド・トランプ前大統領とシンガポールのリー・シェンロン首相も出席した。

ボーイング社は以前，138億ドル（約1兆4,985億3,404万円）の注文を未公表の顧客から請け負ったことがある。さらにその後は再びシンガポール航空から，777-9型と787-10型を6機ずつ，合計12機の追加注文があった。

シンガポール航空のCEOであるゴー・チュンポンは，次のように述べた。「SIA（シンガポール航空）は何十年も前からボーイング社の顧客でした。そしてこのワイドボディ機の重要な発注を完了できたことをうれしく思っています。この発注により，燃料効率のよい最新型航空機の運用を継続できるようになります。これらの新しい航空機はまた，SIAグループに新たな成長の機会をもたらすうえ，ネットワークを拡大し，お客様にさらに多くの旅行の選択肢を提供できるようにしてくれるでしょう」。

最初の中央翼

日本のSUBARU社は2018年2月9日，同社の航空宇宙カンパニーが最初の777X型中央翼の生産と主脚格納部との組み立て結合を完了したことを発表した。最初のボーイング777X型中央翼ワークパッケージの製造は愛知県の半田工場，つまりボーイング777型およびボーイング787型の中央ウイングボックスの製

2020年4月30日，2番目の試験飛行機WH002がエバレット・ペインフィールド空港から初飛行を果たした。（©ボーイング）

> 7年以上前のローンチ以降の777X型の売れ行きは比較的遅い。2020年9月中旬までにわずか309機のみの注文にとどまっている。

造を手がけるSUBARU社の製造施設で行われた。

SUBARU社は初期の設計開発段階から777X型プログラムに参加していた。現在は翼結合部，中央ウイングボックス，中央翼，主脚格納室，主脚扉，翼胴フェアリングの組み立て結合を担当している。

生産開始

SUBARU社が中央翼の製造を発表してから3カ月後，ボーイング社は最初の777-9型の機体の前部胴体の写真を公開した。エバレット組み立て工場で撮影されたものだ。同機体の翼に加え，777-9型としては二番目に組み立てられた機体であり同型の最初の飛行試験機であるWH001も生産されていた。WH001の胴体の組み立ては2018年後半に始まった。

777-9型の生産発表が行われた時点で，777-9型，そして777-8型の空港計画のための航空機の特徴をまとめた文書が更新された。そして，777X型用に設計された折りたたみ式のウイングチップ（主翼翼端，FWT：Folding Wing Tip）メカニズムの機能に関する詳細が掲載された。

同文書によると，777X型は出発のためのタキシングの間はFWTを折りたたむことになるという。空港の所定の場所，つまり地上の物体か

らのクリアランスが確保された位置を通過すると，乗組員はFWTを広げて所定の位置にロックする指示を送る。この手順は，航空機が滑走路の手前の線に到着する前に完了する。なお，文書には「各空港の地形が独特であるため，FWTの伸縮を自動化することは実用的ではなかった。伸縮のための動作は，操縦室の乗組員が必要なときに行う手動による操作に任される」と書かれている。着陸時，FWT制御ロジックは，航空機が降着して対地速度が50kt（時速92.6km）を下回ったのち，FWTを自動的に折りたたむ。通常の状態ではこの一連の作業に20秒かかる。

異常状態が発生した場合は，エンジン計器や乗員警告システムによって生成されたメッセージによって乗組員に警告が発せられ，非正常なFWTオペレーションプランが発動する。たとえば高速での離陸中断が実施された場合，その対地速度が85kt（時速約157.4km）以上に達するとFWTは自動的に折りたたまれ，反対に航空機が対地速度50kt（時速92.6km）未満に減速した際にもFWTが折りたたまれる。85ktというしきい値は，離陸中断自動ブレーキとスピードブレーキをアクティブ状態にするためのしきい値と同じ数値だ。

トリプルセブンを長年運航してきたブリティッシュ航空は，最大42機分の777-9型の契約を締結した。（©ボーイング）

発表

最初のボーイング777X型の機体の組み立てが開始されてから1年後の2018年9月初旬，777X型航空機が正式発表された。発表された機体は構造強度試験に使用された最初の静的試験用の飛行試験機だ。ノーズコーン，水平尾翼，垂直尾翼，そしてアビオニクスシステムを備えていなかったが，折りたたみ式のウイングチップ（主翼翼端，FWT）メカニ

シンガポール航空は2017年10月23日に777X型の顧客の仲間入りを果たし，20機の777-9型の数十億ドル（10億ドルは約1085億8942万円）の取引を実施したことを発表した。（©ボーイング）

ズムはしっかりと搭載されていた。

電源オン

静的試験用の試験飛行機が公開されたとき，のちに機体記号N779XW（シリアルナンバー：64240）として登録された最初の飛行試験機となるWH001は，最終組み立ての真っ最中だった。2018年12月初旬，ボーイング社はついにWH001の電源を入れた。11月には機首，中部胴体，後部胴体をとりつけ，最終的な機体が完成した。胴体のとりつけは，777X型の生産におけるもう一つの大きな節目となった。当時，777X型の副社長兼ゼネラルマネージャーを務めていたジョシュ·バインダーは，ボーイング社が777X型の開発において期待どおりの道のりをたどっていると述べた。

2019年3月13日に，WH001がエバレット工場の最終組み立てライン

ボーイング社は2020年4月30日，2機目となる777X型飛行試験機の初飛行に成功した。777X型のプロジェクトパイロットを務めるキャプテンのテッド·グレイディーとトリプルセブンおよび777X型のチーフパイロットを務めるキャプテンのヴァン·チェイニーは，ワシントン州上空を2時間58分飛行し，現地時間の午後2時2分にワシントン州シアトルのキング郡国際空港（通称：ボーイングフィールド）に降着した。

エバレット工場のビルディング40-24内に置かれた777X型の翼にはGE9Xエンジンが搭載されている。（©ボーイング）

から出荷されたときに，ボーイング社はメディアにさえ公開しない，非公開のイベントを開催した。奇しくもその日，ボーイング社製の民間航空機は，最悪の理由によって世界中で話題になっていたからだ。ボーイング737型MAX絡みの2度目の墜落事故——エチオピアのアディスアベバからケニアのナイロビへの飛行中，エチオピア航空が運航する航空機ET-AVJが離陸後わずか6分で墜落し，157人の乗員乗客全員が死亡する惨事だった。同日，アメリカ連邦航空局は同機に地上待機を命じていたというのにだ。その135日前には，ジャカルタからインドネシアのパンカルピナンに向けてライオン・エアが運航した737型MAX8が離陸後数分で海に墜落し，搭乗していた189人全員が死亡していた。

ブリティッシュ航空の持株会社であるIAG（インターナショナル・エアラインズ・グループ）のCEO（最高経営責任者）を務めるウィリー・ウォルシュは，777-9型を「747-400型の完璧な代替品」と表現した。「この航空機は，747型と比較して座席あたりの燃料コストが30％改善され，さらなる省コスト性と環境面での利点を提供してくれます」。

ブリティッシュ航空が777X型を発注

2019年4月，ブリティッシュ航空はボーイング777X型を長距離輸送用航空機の一部として再装備したことを発表した。18機の注文と24機の追加注文によって構成された最大42機の777-9型の発注に関して，ボーイング社と契約を締結している。新型コロナウイルス感染症によるパンデミックが発生する以前は，同機が2022～2025年にかけて届けられる予定だった。

ブリティッシュ航空は18機のエアバスA350-1000型と同様，777-9型を同社の長距離ルートに就航させる予定だ。

ブリティッシュ航空の持株会社であるIAG（インターナショナル・エアラインズ・グループ）のCEO（最高経営責任者）を務めるウィリー・ウォルシュは，777-9型を「747-400型の完璧な代替品」と表現した。「この航空機は，747型と比較して座席あたりの燃料コストが30％改善し，さらなる省コスト性と環境面での利点を提供してくれます。それだけでなく，乗客の搭乗体験を向上させてくれるのです」。

777-9型の発注によって，ブリティッシュ航空とトリプルセブンとの長きにわたる関係が今後も続くことが決定した。ブリティッシュ航空は1990年に777-200型を発注したローンチカスタマーだ。1995年にはヨーロッパの航空会社として初めて同機を運行しており，世界最大のトリプルセブンの運航会社の一つといえる。777-9型を運用するということは，その航空会社が現在のトリプルセブンとスペアやメンテナンス面における共通性を得ることができるだけでなく，乗組員にとっては共通のタイプレーティング（型式限定）を獲得することを意味する。ただし，これらの注文は新型コロナウイルス感染症が猛威を振るう前に行われたものだ。需要の低迷を踏まえて，ブリティッシュ航空が長距離ルートの運航計画をどのように変えるかはまだわかっていない。

7年以上前のローンチ以降の777X型の売れ行きは比較的遅い。2020

ビルディング40-24内の最終組み立て位置に配置されたWH001。（©ボーイング）

この問題は2019年5月下旬，最初の飛行試験機であるWH001にとりつけられたGE9Xエンジンの初期の信頼性試験のなかで発見された。この発見によって再設計が必要となり，エンジンの認証が秋へと延期され，最初の飛行予定日が2020年初頭へとずれ込んでしまったのだ。

ボーイング社はWH001（機体記号：N779XW，シリアルナンバー：64240）を2019年3月，エバレット工場でお披露目し，本来の計画であれば6月に初飛行を行うこととなっていた。

時期が延期されたにもかかわらず，ボーイング社は当初，777-9型は型式証明できるし，2020年末までの運航開始を計画していると主張していた。しかし，実際これは無謀な見込みで，少なくとも積極的に，かなり急いだ試験飛行計画を立てることが必須となった。

2019年10月にGE9Xエンジンを最初の認定済エンジンとしてエバレット工場に納品するため，どのようなプロセスを実行する必要があるかを尋ねられたボーイング社は，次のように答えた。「新しい航空機の安全性とパフォーマンスを確保するため，初飛行の前には地上試験でシステムを徹底的にテストします。エンジンというのは，その全体的な地上試験プログラムの一つなのです。ゼネラル・エレクトリック社はGE9Xエンジンを，通常のフライトであればあまり発生しないような，予想をはるかに超える厳しい条件下で稼働させていました。このような『疲労試験』は，エンジンの耐久性と信頼性を証明することを目的としています。これらの試験の一部において，ゼネラル・エレクトリック社は高圧コンプレッサーを構成する部品の耐久性の問題を検出しました。同社は

年9月中旬までにわずか309機のみの注文にとどまっている。

初めての開発の遅れ

ボーイング777X型の初飛行は，ゼネラル・エレクトリック社のGE9Xターボファン・エンジンの開発上の問題によって，2020年初頭へとずれこんでしまった。ボーイング社は2019年の第2四半期の決算において，この事実を発表した。

同社の声明文には次のように書かれている。「777X型プログラムは，飛行前のテストを通じて順調に進んでいます。我々は777X型の納品時期について，2020年の後半を目標としています。ただし，2020年初頭まで初飛行が遅れてしまった原因であるエンジンの問題を考慮すると，このスケジュールには重大なリスクがあると考えています」。

具体的にボーイング社にとっての課題となったのは，GE9Xエンジンの高圧コンプレッサーの2段目にあるステーターベーン（静翼）だった。コンプレッサーでは，エネルギーがロータブレード（回転翼）によってガスに加えられ，次にステーターベーンによって静圧に変換される仕組みとなっている。

©ボーイング社

その設計を強化したり，改修したりして，テストエンジンのレトロフィットを行い，新しい設計を反映させたのです。我々はそれらのプロセスを通じて，ゼネラル・エレクトリック社と密接に協力しました。ほかの開発プログラムと同様，安全を最優先事項として細部を正しく理解するために時間をかけて慎重に検討しています」。

WH001は最終的に，2020年1月25日の現地時間10時9分，エバレット・ペインフィールド空港から離陸して，3時間52分後にワシントン州シアトルのキング郡国際空港（通称：ボーイングフィールド）に着陸した。

減圧の失敗

2019年9月，ボーイング社は再び予期せぬ事態に見舞われる。強度試験の最中，777X型の静的試験用の試験航空機（最初に製造された機体）に，最終負荷段階で急激な減圧が発生したのだ。『シアトル·タイムズ』紙によると，翼のすぐ後ろの胴体のスキン（外板）が破裂し，助手席のドアが吹き飛ばされたという。

ボーイング社は777X型プログラムに対する失敗についての総括を尋ねられ，次のように答えている。「静的試験用の試験飛行機の最終負荷試験において，我々のチームは民間航空機での使用予想をはるかに超えるレベルまで翼の曲げ試験を実施しました。トラブルはこのテストの最後の数分間，最終負荷試験の約99％の段階において発生しており，後部胴体の減圧に原因がありました。テストチームは，すべての安全プロトコルに従っていました。一方でこの問題による設計面への重要な影響や，プログラム全体のスケジュールへの変更は見られませんでした。

777X型を厳しい試験プログラムにかけ，引き続き安全性を最優先事項として十分に状況を注視しています」。

WH002が初飛行を達成

ボーイング社は2020年4月30日，2機目となる777X型飛行試験機の初飛行に成功した。777X型のプロジェクトパイロットを務めるキャプテンのテッド·グレイディーとトリプルセブンおよび777X型のチーフパイロットを務めるキャプテンのヴァン·チェイニーは，ワシントン州上空を2時間58分飛行し，現地時間の午後2時2分にワシントン州シアトルのキング郡国際空港（通称：ボーイングフィールド）に降着した。

WH002（機体記号：N779XX，シリアルナンバー：64241）は，同じようにつくられた4機の機体のうちの2機目で，操縦特性やそのほかの性能面をテストするために使用されている。キャビン（客室）全体に設置された一連の機器，センサー，および監視デバイスにより，機内にいるチームは試験条件に対する機体の反応を，リアルタイムで文書化し評価できるようになっていた。ボーイング社による777X型の試験計画では，設計の安全性と信頼性を実証するために，地上と，飛行中における包括的な一連の試験内容と条件が示されている。

これまで乗組員はフライトエンベロープ（運動包囲線）の初期評価の一環として，さまざまなフラップの設定，速度，高度，システム設定において，最初の航空機WH001の飛行を行ってきた。初期の耐空性が実証されて以降，テストパイロットは現在，テストディレクター，フライトエンジニア，メカニック，計器エンジニア，そして試験飛行をモニタリングしているフライトテストエンジニアとともに飛行し，地上のテレメトリー（双方向通信）基地に頼らない，より遠い距離での試験も増やしている。

慎重な変更

ボーイング社の社長兼最高経営責任者兼ディレクターのデイヴィッド·カルフーンは，7月29日に行われた2020年第2四半期の決算発表において，777X型について次のように説明した。「我々は厳しい試験プログラムに基づいた，試験飛行を引き続き実施していきます。777X型の運航開始に関しては，2021年としていた以前の予定を変更し，2022年に最初の777-9型を納品することで調整しました。これは我々の開発と試験のスケジュール，顧客からのフィードバック，新型コロナウイルス感染症による影響を考慮してのことです。それだけでなく，737型の認証プロセスから学んだ教訓もとり入れています。開発プログラム内にはらんでいるリスクについて，引き続き管理していきます。2020年には月平均約2.5機の割合で，トリプルセブンの機体を納品していくことを予定しています。運航開始前に生産された航空機の数を管理することにより，変更の組み込み作業の量を最小限に抑え，777X型の製造の傾斜率に対して慎重なアプローチをとっていきます。主に新型コロナウイルス感染症による影響と，777X型の認証と納品を2022年へと遅らせたことによる市場の不確実性により，以前の計画では月3機だった2021年のトリプルセブン，そして777X型の合計生産率を月に2機へと減らす計画です」。

そのほかの初飛行

ボーイング社にとって3機目となったボーイング777-9型の飛行試験機WH003（シリアルナンバー：64242）は，機体記号：N779XYとして登録された。ボーイング社の明るい色彩で塗装された同機は，現地時間午後1時55分にエバレット·ペインフィールド空港から離陸した。そして8月3日，2時間45分間の飛行の最後に，シアトルのキング郡国際空港（ボーイングフィールド）に着陸する前に，ワシントン州東部のモーゼスレイク空港に立ち寄り，二つのアプローチを飛行した。

WH003の初飛行は，デイヴィッド·カルフーンが顧客への納品の遅延を発表してからわずか5日後のことだったため，777X型プログラムの朗報として喜んで受け入れられた。

ボーイング社はWH003が実施する試験プログラムの一部として実施した，アビオニクス（航空電子）システム，補助動力装置，飛行荷重，推進性能に関する，777X型飛行試験プログラムのこれまでの進捗状況に満足しているとつけ加えた。

それからわずか49日後の9月21日，ボーイング社にとって4機目となる777-9型の飛行試験機，機体記号：N779XZ（シリアルナンバー：64243）が初飛行を行っている。

エバレット·ペインフィールド空港を出発し，いくつかのアプローチを行うためにモーゼスレイク空港に飛行したあと，シアトルのキング郡国際空港（ボーイングフィールド）に戻って，WH004は安全に初飛行を成功させた。ボーイング社はWH004が実施する二つの試験プログラムとして，キャビン（客室）システムと拡張操作を指定している。

第16章

777X型の最新情報

©ボーイング

シアトルのボーイング・コマーシャル・エアプレーンズ社の協力のもと，マーク・アイトンが777X型プログラムに関する最新情報を伝える。

すべての航空機メーカーと同じく，ボーイング社は自社の航空機についてそのエキサイティングな性能をアピールしている。777X型も例外ではない。そのアピールの裏に隠された自信を正確に理解できるように，同社は親切に一連の質問に答えてくれた。

ボーイング社は777X型が最も効率的な双発機であり，パフォーマンスのあらゆる面において群を抜くものであると述べている。777X型がどのタイプの旅客機と比較され，どの側面の性能についてボーイング社が言及しているかを整理すると，次のようになる。「ボーイング777-8型および777-9型は，787型ドリームライナーとともに，世界で最も効率的なワイドボディ機（客室に二つの通路がある航空機）ファミリー（系統機）を発展させてくれます。777-8型は，競合他社であるエアバス社のA350-1000型に比べて多様性を提供します。一方で777-9型は独自の市場に存在し，直接の競合相手はいません。機体のパフォーマンスというものは，ペイロード（積載重量）範囲と燃料効率によって評価されます。777X型ファミリーの飛行機は，競合の航空機や現在運航中のトリプルセブンに比べてより多く

■トリプルセブン製造システム

ハイライト

・エバレット工場のそのほかのプログラムとは異なり，ボーイング社のトリプルセブンはU字型の動線に沿って製造されている。

・トリプルセブンの製造ラインは毎分約4.1cmずつ動いている。

・トリプルセブンの翼部と胴体の製造，密閉，そして塗装作業はエバレット工場の別のエリアで行われている。

・トリプルセブンは300万もの部品，そして約215.7kmもの配線によって構成される。

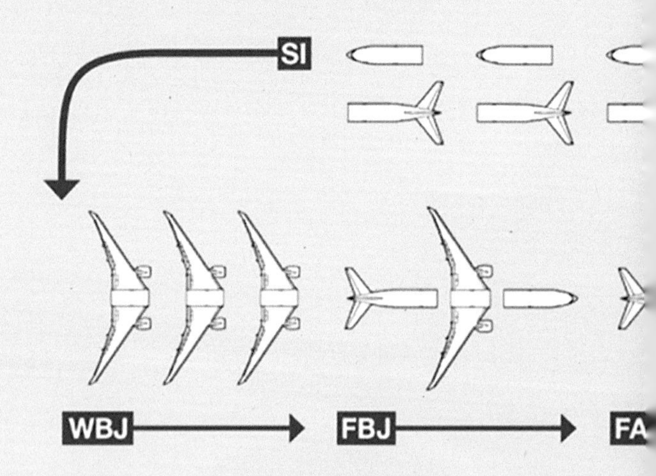

エバレット工場ビルディング40-25内にある，トリプルセブン製造システムの主な生産ビルドシーケンスを示す図。（©ボーイング）

SI : System Installation
システム設置

三つのポジションを移動しながら，ワイヤ（配線），絶縁ブランケット，そして側壁パネルが前方胴体部，後方胴体部にとりつけられる。このときにフライトデッキ（操縦室）も合わせて組み立てられ，水平・垂直尾翼も装備される。

WBJ : Wing Body Join
ウイングボディ（翼胴）のとりつけ

システム設置と同時に，翼のとりつけられた中部胴体部がウイングボディ・ジョイン・エリアで接合される。

FBJ : Final Body Join
最終胴体結合

前方胴体，後方胴体，そして翼胴（中部胴体部）がすべて組み合わさるのが最終胴体結合だ。ここで初めて航空機が一体となる。この作業場では着陸装置がとりつけられ，トレーリングフラップとそのほかの付加システムが備えられる。

FA-1 : Final Assembly-1
第1最終組み立てエリア

続いて航空機前方の着陸装置（前脚）から最初に，第1最終組み立てエリアへと進む。ここで機体の電源が起動され，何百もの機能テストが実施される。

ワシントン州エバレット
工場ビルディング40-25

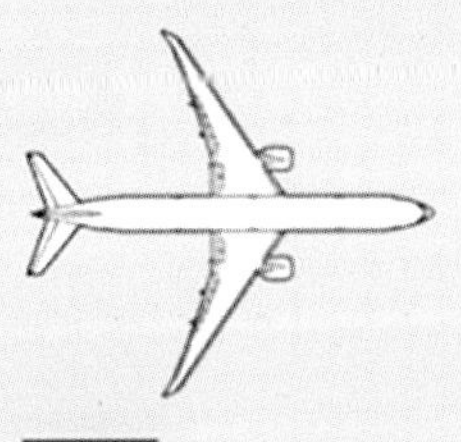

FA-2

FA-2 : Final Assembly-2 第2最終組み立てエリア

第2最終組み立てエリアでは，エンジンとまだとりつけられていないそのほかの内装部品が装着され，最終検査が行われる。それが完了すると，機体は工場を出て塗装，燃料補給を経て実際に飛行し，顧客の元へと届けられる。

のペイロードで，遠くまで飛ぶことができます。航空業界では一般的な測定値である座席あたりの燃料消費量は，このクラスの飛行機史上で最も低いものです」。

ボーイング社によれば，777X型は空気力学的な観点から見て，新たなブレイクスルーを成し遂げている。果たして，777X型とはどんな存在なのだろうか？　ボーイング社はその問いへの回答のなかでこう表現している。「まったく新しい複合材料でつくられた約71.8mの翼幅を備えた翼こそが，777X型の唯一無二のパフォーマンスにおけるカギを握っています。従来のインフラストラクチャー主導の制約から逃れ，777X型の翼はA350-1000型よりも約6.74m長い翼幅を装備しています。この翼により揚抗比（揚力と抗力の比）が5％向上するのです。シンプルかつ信頼性の高い，折りたたみ式のウイングチップ（主翼翼端）の設計により，現在運航中のトリプルセブンとの誘導路とゲートにおける互換性を維持しながら，大きな翼幅による効率の高さを実現します。さらに，そのまったく新しい複合材料の翼構成部品に加え，777X型は可変キャンバー翼技術や一体型レークトウイングチップ，新しい尾翼，そして層流エンジンナセルを搭載しています。777X型では数値流体力学の改良が行われたため，最新の3Dエアフォイル（翼）設計も組み込まれています。これらの事実をまとめると，777X型はあらゆる航空機のなかで最も先進的な空力技術を備えているといえるでしょう」。

それだけでなくボーイング社は，777X型に搭載されているGE9Xエンジンにも大きな進歩が起きたと述べている。「GE9Xエンジンの設計上の飛躍的な進歩は何ですか？」という我々の質問に対し，同社は777X型に装備されているGE9Xエンジンは最新のテクノロジーを活用して（コアとファンのサイズを含み）完璧に最適化された設計でつくられており，燃料効率が大幅に向上していると明かした。「GE9Xエンジンは，第4世代の複合材料ファンブレード，セラミック・マトリックス複合材料コンポーネント，そして高度なエンジン空気力学などGE（ゼネラル・エレクトリック社）独自のテクノロジーの恩恵も受けています。これらGE独自のテクノロジーは，既存の大型ターボファン・エンジンと比べ，トータルで大幅に高い圧力比を実現します」。

ボーイング社は燃料消費量と排出量が少ない航空機を製造する必要性を感じ，777X型における出力は10％低くなるように設定されていると説明する。この数字はどのパラメーターに基づき，どのタイプのジェット機と比較してパフォーマンスが優れているという意味なのだろうか？　ボーイング社は次のように答えた。「777-9型は競合他社のA350-1000型よりも，シートあたりの燃費が10％向上しています。燃料消費率が低いのは，空気力学的なパフォーマンスが5％向上していること，そして最新のエンジン技術によってこのクラスの航空機のなかでも最低の燃料消費率（SFC：Specific Fuel Consumption）を実現できたからです。最も効率的な新しいコアは，制約のない設計によって最高の圧力比を記録し，今後も世代を超えて燃料の使用と排気量に改善をもたらしてくれると考えています」。

運用コストは航空会社にとって最も重要な要素となる。この事実を認識しているボーイング社は777X型が，競合他社よりも10％低い運用

777X
Low-Rate Initial
Production System

■777X型の初期低率生産システム

ハイライト

・ビルディング40-25内で行われているトリプルセブンの製造ラインにおける混乱を避けるため，777X型の最初の数機はビルディング40-24内の低率生産ラインで組み立てられている。
・今後，777X型の製造はビルディング40-25において行われる予定。
・777X型の翼と胴体の製造，密閉，そして塗装作業はエバレット工場の別のエリアで行われている。
・777X型の飛行試験プログラムは2020年に開始され，2022年には最初の納品が予定されている。

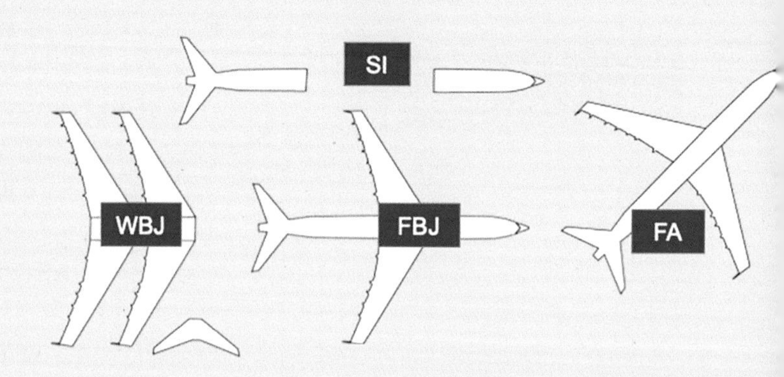

エバレット工場のビルディング40-24内にある，777X型製造システムの低率生産ビルドシーケンスを示す図。（©ボーイング）

SI : System Installation
システム設置

三つのポジションを移動しながら，ワイヤ（配線），絶縁ブランケット，そして側壁パネルが前方胴体部，後方胴体部にとりつけられる。このときにフライトデッキ（操縦室）も合わせて組み立てられ，水平・垂直尾翼も装備される。

WBJ : Wing Body Join →
ウイングボディ（翼胴）のとりつけ

システム設置と同時に，翼のとりつけられた中部胴体部がウイングボディ・ジョイン・エリアで接合される。

FBJ : Final Body Join →
最終胴体結合

前方胴体，後方胴体，そして翼胴（中部胴体部）がすべて組み合わさるのが最終胴体結合だ。ここで初めて航空機が一体となる。この作業場では着陸装置がとりつけられ，トレーリングフラップとそのほかの付加システムが備えられる。

FA : Final Assembl
最終組み立てエリア

続いて航空機前方の着陸装置（前脚）から最初に，最終組み立てエリアへと進む。ここで機体の電源が起動され，何百もの機能テストが実施される。エンジンとまだとりつけられていないそのほかの内装部品が装着され，最終検査が行われる。それが完了すると，機体は工場を出て塗装作業に入る。

777X型の複合材翼の形状とスイープを示すコンピューター生成画像。（©ボーイング）

コストを提供すると自信を見せる。では，この主張はどのパラメーターに基づき，いかにして説得性をもたせられるのだろうか。この問いに対し，ボーイング社は777-9型が競合他社よりも1シートあたりの相対的な現金運用コストが10％低いことを教えてくれた。「運用コストというのは，6,000海里（11,112km）のフライトと2クラスの座席という要素によって比較されます。運用コストの構成要素には燃料費用，総メンテナンス料，乗組員の賃金，空港使用料，着陸料が含まれます。燃料消費と経済コストの両面において，ボーイング社はすべての航空機を比較するうえで適用される，標準的なミッションルールを使用しています。競争力のある航空機の性能は，サイズ，重量，エンジン特性などの業界の公式データに基づいて評価されています」。

777X型のもつ環境的，そして経済的な資質から離れながら，ボーイング社は同機が低リスクで収益性の高い成長を約束し，業界をリードする信頼性を提供すると述べている。これらの自信の裏にはどのような裏づけがあるのか，そしてボーイング社がそれぞれの点をどのように立証するかを知りたい――そうした疑問に対し，ボーイング社は個別の回答をくれた。

・低リスク：競合他社の航空機が誇る最高の燃料消費量よりもさらに10％低い燃料消費量と運用経済性により，777X型は現在就航中の航空機よりも低コストであらゆる市場に対応できます。この世代を超えた効率性の向上によって，航空会社は新しい市場を開拓したり，既存の市場における使用頻度を増やしたりしながら，追加の座席数と収容量可能な貨物量の増加を通じてより多くの収益を生み出すことが可能です。

・利益の多い成長：777X型は，未来の民間航空機市場において理想的な存在です。非常に人気の高い777-300ER型と比較すると，777X型はさらに遠い目的地までの運航が可能となり777-8型との連携によって新しい都市へ就航したり，777-9型の容量の増加によって既存の市場を成長させたりする選択肢を顧客に提供してくれます。さらに，効率的で制約のない翼設計がもたらした独自の性能により，777X型ファミリー（系統機）は，長距離，超長距離，高温地域への運航，高ペイロードでの運航など，多数のネットワークに対応が可能となります。

・業界をリードする信頼性：777X型は，世界で最も信頼性の高い双通路型航空機（ワイドボディ機）である777-300ER型に基づいて製造されたモデルです。一貫して99.5％の定時出発率を誇ることは驚くべき特長

「ボーイング777-8型および777-9型は，787型ドリームライナーとともに，世界で最も効率的なワイドボディ機（客室に二つの通路がある航空機）ファミリー（系統機）を発展させてくれます。777-8型は，競合他社であるエアバス社のA350-1000型に比べて多様性を提供します。一方で777-9型は独自の市場に存在し，直接の競合相手はいません」。（ボーイング）

2020年1月25日，初飛行する777X型が離陸した瞬間。（©ボーイング）

の一つで，ボーイング社が機体の優れた設計，そしてトリプルセブン系統機への信頼性の継続的な改善に注力していることを物語っています。777X型は，実績のある777-300ER型の信頼性の高いシステムを活用すると同時に，高度なオンボードネットワークを介して接続された最新の部品を導入し，乗組員および整備員にリアルタイムシステム分析へのアクセスを提供します。

エンジニアリング

外見的には，ボーイング社の考案した777X型の最終的な設計形状は，300ER型とさほど変わらないように見える。だが，それは正しい見方ではない。実際のところ，777X型はさまざまな新システムと機能を備えているが，個々の部品とハードウェアにおいてどんな変化があったのだろうか。ボーイング社はこの問いに対する回答のなかで，次のように語った。「我々は原理原則に基づいたデザイン，開発，そして試験プロセスに従って設計を最適化し，顧客に対して最大限の価値を提供しま

す。歴史上最も成功した双通路型航空機であるトリプルセブンファミリー（系統機）の顧客は，777X型において経済性をさらに向上させながら，これまで同様の信頼性を維持するように求めてきました。我々はアルミニウム製の胴体を含むトリプルセブンのデザインを活用しつつ，製造，性能面を強化し，より多くの複合材料や高度な合金を使用するなど耐久性の向上も行いました」。

これらの改善点のなかには，ドリームライナー用に開発された機能とテクノロジーも含まれている。ボーイング社は次のように認めている。

「歴史上最も成功した双通路型航空機（ワイドボディ機）であるトリプルセブンは，長距離便市場におけるれっきとしたマーケットリーダーであり，実証済みの高いパフォーマンス性，収益性，信頼性，そして優れた客室体験を提供してくれます。我々はトリプルセブンファミリー（系統機）がマーケットリーダーであり続けることを保証するため，優れた航空機を開発しサービスを提供することに熱心にとり組んでいます。777X型はすでに実績のある787型テクノロジーを活用して，顧客とその乗客に利益をもたらします。複合材翼に加え，777X型が導入する787型テクノロジーのなかには層流エンジンナセル，フライトデッキ（操縦室）ディスプレイ，フライトコントロール，そのほかのシステム拡張，そして客室体験上でのメリット（たとえばスムーズ　ライド・テクノロジー，客室の高度と湿度の向上，調光可能な大きな窓）が含まれます」。

「777X型はまったく新しい翼幅の大きい複合材翼と，新しい高バイパス比エンジンによって世代を超えた技術的な飛躍を表しています。これらの2点は，777X型がそのカテゴリーにおいて最も燃料効率の高い民間航空機であり続けることを保証する，二つの重要なカギとなります」。

「また，機内で簡単にカスタマイズできる広々とした新しい客室アーキテクチャ（航空会社にとっては真のキャンバス的な存在）や，より広い（現在就航中のトリプルセブンと比べ約10.2cm広く，競合他社のモデルより約40.7cm広い）客室の彫刻された側壁など，格別な客室体験を保証するイノベーションも導入しています。すべての座席クラスにおいて広いスペースを提供し，10列の快適なエコノミークラスの座席レイアウトに対応しているのです」。

「我々は最適な価値提供のために，複合材料を採用しています。777X型において最も顕著なのは，世界最大の一体成型の複合材翼，尾翼，そして(トリプルセブンで最初に開発された)フロアビームです。ボーイング社は何年もの間，積層造形を利用して民間航空機用部品を製造してきました。777X型の部品の例としてはダクト，収納ポケット，フットレストなどが挙げられます」。

製造

ワシントン州エバレットにある，ボーイング社の巨大な製造施設は747型，トリプルセブンおよび787型ドリームライナーの二つのモデルの生産地となっている。同施設は777X型の生産拠点でもあり，ボーイング社はそこから，最終組み立てプロセスへの移行アプローチを行っている。同社はこう説明している。「当初，ビルディング40-24を低率生産用に使用していました。これはビルディング40-25内のメインとなるトリプルセブン生産ラインへのスムーズな移行に備えながら，生産に集中できるようにするためです」。ボーイング社は，使用中の並行生産システムにおける組み立てポジションを示す二つのインフォグラフィックを紹介してくれた。一つは確立されたトリプルセブン用の生産ラインでメインとなるもの(110ページ「トリプルセブン製造システム」)，もう一つは初期の低率生産の777X型用ラインを説明した図(112ページ「777X型の初期低率生産システム」)である。

エバレット工場で採用されている最終的な組み立てプロセスは，組み立てる部品によって異なる。それらの部品はアメリカ全土のボーイング社の施設，そして世界中の企業から供給されているものだ。ボーイング社は777X型で使用されるすべての主要な構造アセンブリについてまとめた，三つ目のインフォグラフィック(右の「777X型サプライチェーン」)を提供してくれた。

フライトデッキ（操縦室）

777X型のフライトデッキ(操縦室)システムに組み込まれている多くのアップデート(本書においてすでに解説されているもの)について，ボーイング社にさらに詳細な説明を求めた。同社はその回答のなかで，777X型が認証を受け最初の航空機が顧客の元に納品されれば，より詳細な話ができるようになると述べている。「現時点では，航空機の継続的な開発と試験に焦点を当てています。777X型のフライトデッキには効率性，接続性，状況認識を向上させるため，現在就航中のトリプルセブンと787型の両モデルにおける，最高の性能と新しいテクノロジーを搭載しているのです」。

ボーイング社はいくつかの機能が状況認識と，安全性の向上に貢献していると明かした。たとえばそのなかには，視界の悪いアプローチや着陸の際のヘッドアップディスプレイ(人間の視野に直接情報を映し出す手法)に表示される統合された滑走路，GPSベースの着陸システム(GLS：GPS-based Landing System)，統合型のアプローチナビゲーション，空中および地上におけるオーバーラン状態に対する，新しいアラートも含まれているという。

そのほかのフライトデッキの機能は以下のとおり。

・ヘッドアップディスプレイ。
・787型と同様の大判ディスプレイに，新しいタッチスクリーン技術を

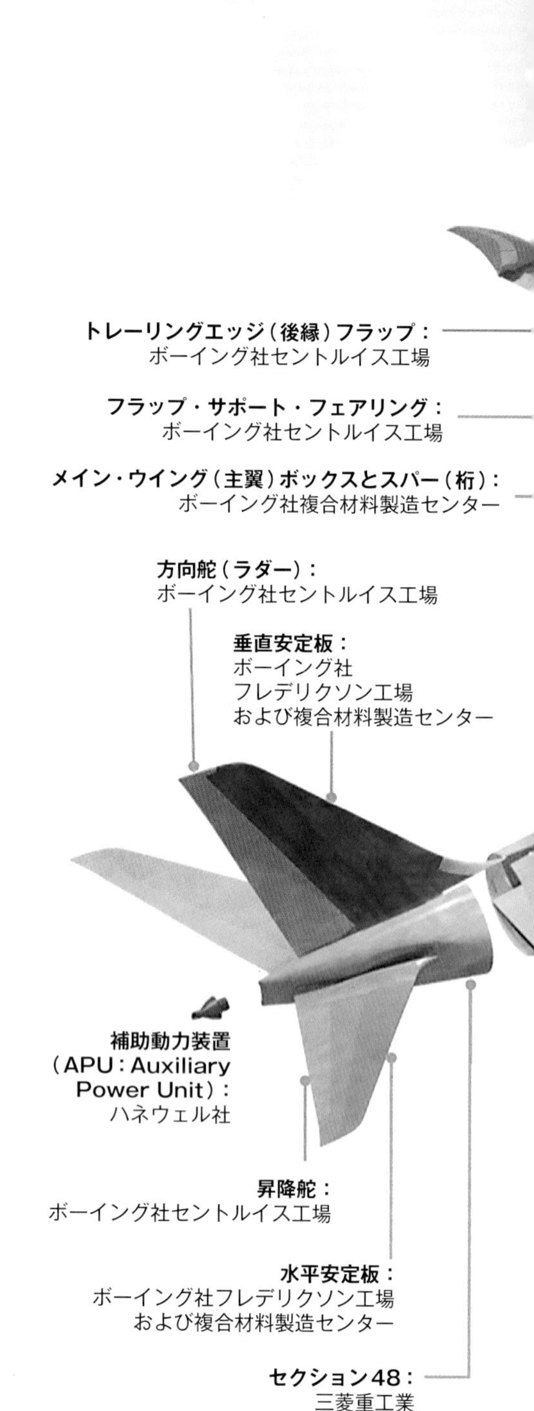

777X型サプライチェーン

その主構造体と推力装置の製造元

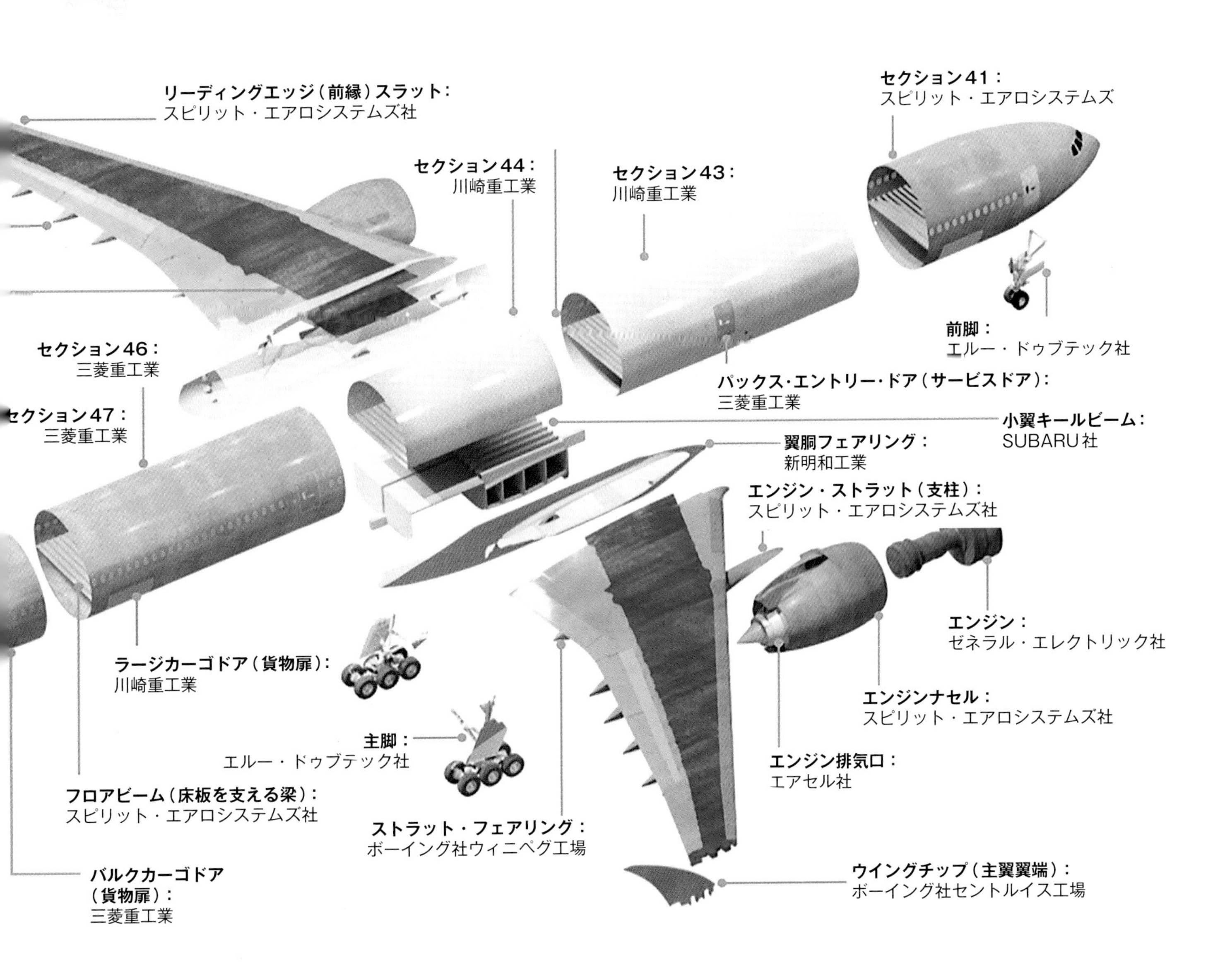

777X型のサプライヤーの主要な構造と推力装置，部品，システムを示す図。（©ボーイング）

採用。民間航空機において初めて導入されたタッチスクリーンテクノロジーは，顧客に付加価値を提供し，運用を合理化するうえで役立つ。さらに，インターフェースは現在のテクノロジー，たとえば電子フライトバッグ（EFB：Electric Flight Bag）に使用されるiPad，航空機外における計画機能など，パイロットの期待に沿ったものとなっている。パイロットはトリプルセブンと同様に，飛行管理コンピューターフォーマットと直接インターフェースで接続することもできる。

・パイロットが使用するポータブルデバイス（EFBなど）との接続性が向上し，EFBの情報を前方ディスプレイに統合する機能が向上。たとえばパイロットは，飛行前計算のためにEFBのオンボードパフォーマンスツール（離着陸時のパフォーマンス計算を行うアプリ）を前方ディスプレイに表示することができる。ブリーフィング（離陸前にパイロットや乗組員を中心に行う確認作業）の際は，前方ディスプレイにアプローチチャートを映し出すことも可能となる。

・特定の滑走路出口を目標に設定できる自動ブレーキシステムを搭載。パイロットは飛行計画に基づいて，自分たちが向かうゲートに対してどの出口が最適かを判断できる。滑走路での自動ブレーキによって航空機は出口に向かうまでに減速し，滑走路の占有率とタキシーインをより効率的に行えるようになる。

・トリプルセブンと共通のシステム制御，およびトリプルセブンと787型と一致するオーバーヘッドパネルを配置。

・パイロットの快適性を高める機能としては新しく設計されたシート，より静かな客室環境，新しいLED照明，改良されたサンシェードとバイザーが含まれている。

フライトテスト

ボーイング社は，777X型の設計の安全性と信頼性を実証するため，地上と空中において包括的な一連の試験条件下での飛行試験を継続して実施している。777-9型の一年間にわたる厳しい飛行試験プログラムの最新フェーズは，2020年1月に開始された。777-9型の試験プログラムには，疲労試験および静的試験用飛行機と4機の専用飛行試験機が導入された。表1では，4機の777-9型において実施される試験の種類を示している。

飛行試験プログラムのほかの側面には，空気力学性能，エンジン性能と燃料流量，対気速度と高速試験，それを受けたうえで行われるシステムと，エンジンの故障を含むより高度な試験，ジェットが失速防止を強化できたかどうかを判断するために行われる失速試験，高温と低温，横風，追い風，向かい風における離陸性能などが含まれる。さらに，より複雑な試験としては，最低制御速度での地上試験，フルブレーキでの離陸中断，横風着陸，耐久性，および航空機が飛行するうえでの最小速度を決定するための試験などがある。

ボーイング社は，737MAX型のプログラムで学んだ教訓をとり入れて777X型に適用し，型式証明に向かうための準備が，できるだけ最良の状態になることを確実にした。ボーイング社は777X型を新型航空機として認定するのではなく，トリプルセブンの新モデルとして認定することを計画しているという。

ボーイング社は，現在進行中の777X型飛行試験プログラムに関する情報を開示してくれなかったが，

WH001は2020年1月25日の初飛行では，着陸装置を広げた状態で飛行した。（©ボーイング）

次のように話している。「我々は通常，試験計画の見通しに関する情報を提供していません。高いレベルでいえば777-9型を厳しい試験プログラムにかけ続けるため，安全性を最優先事項として重視しています。試

エバレット工場で採用されている最終的な組み立てプロセスは，組み立てる部品によって異なる。それらの部品はアメリカ全土のボーイング社の施設，そして世界中の企業から供給されているものだ。

験飛行は2020年1月に始まり，そして現在も4機の専用試験飛行機すべてが飛行しています。飛行試験は順調に進んでおり，我々もその進捗に満足しています」。

ボーイング社の777-9型の飛行試験機群（表1）

【飛行試験機】	【試験プログラム】
WH001（初飛行：2020年1月25日）	運動包囲線図の拡張，飛行制御，アビオニクス（航空電子装置）およびそれと関連するシステム，ブレーキ，フラッター（翼に発生する振動），アイシング（着氷），低速空気力学特性，飛行安定性，制御
WH002（初飛行：2020年4月30日）	自動着陸，地面効果，飛行安定性，制御
WH003（初飛行：2020年8月2日）	補助動力装置（APU），アビオニクス（航空電子装置），飛行荷重，高速でのノーティカル・エア・マイル（NAMS）の燃料消費量を含むエンジン性能試験，飛行中のエンジン始動確認
WH004（初飛行：2020年9月20日）	環境制御システム，拡張された二つのエンジン操作，機能性，騒音，一般的な機能性，信頼性

▌監訳者
福田紘大／ふくだ・こうた
東海大学工学部航空宇宙学科航空宇宙学専攻准教授。横浜国立大学大学院工学府 システム統合工学専攻博士課程修了，博士（工学）。横浜国立大学助手，University of Maryland（アメリカ）Faculty Research Assistant，独立行政法人宇宙航空研究開発機構（JAXA）研究員を経て，現在に至る。専門は流体工学，渦流れ，非定常流れ現象。主な著書に『航空宇宙学への招待』（共著，東海大学出版部）などがある。

▌訳者
清水 悠／しみず・ゆう
立教大学卒。小学校時代をニューヨークで過ごした経験からアメリカ文化に興味をもち，帰国後も英語の勉強を続ける。大学卒業後，編集者としてサッカー雑誌やニュースサイトの制作に携わる。現在は一児の子育てに奮闘するかたわら，スポーツやエンターテインメント，ビジネスなどさまざまなジャンルの翻訳を手がける。

BOEING ボーイング 777

2021年9月15日発行

監訳者　福田 紘大
訳者　清水 悠
翻訳・編集協力　株式会社ナウヒア
編集　道地恵介，山口奈津
表紙デザイン　岩本陽一
発行者　高森康雄
発行所　株式会社 ニュートンプレス
〒112 0012　東京都文京区大塚 3-11-6
https://www.newtonpress.co.jp

ISBN 978-4-315-52444-4
